汉竹·亲亲乐读系列

怀孕吃对食物大百科

张宏秀/主编

汉　竹/编著

U0336602

汉竹图书微博
http://weibo.com/hanzhutushu

读者热线
400-010-8811

江苏凤凰科学技术出版社 | 凤凰汉竹
全国百佳图书出版单位

前言

　　孕育一个小生命，对你来说应该是最幸福的事情了。小生命在身体里一点点长大，直到"瓜熟蒂落"，而你也实现了从父母的孩子到孩子的妈妈这一角色的蜕变。这次身心的双重旅行，也将是你一生中最难忘、最珍贵的体验。

　　在孕期，你可能会遇到很多不适症状，比如孕吐、便秘、疲劳、失眠、胃灼热、妊娠纹、妊娠期糖尿病、水肿，以及吃素、怀双胞胎、怀二胎等特殊状况。遇到这些情况，吃对食物很重要。本书把重点放在你可能出现的这些不适和特殊情况上，对症给出最有效的饮食缓解方案。把最有用的饮食知识，告诉最需要的你，让你不仅吃得营养，而且吃得舒适，吃出健康的胎宝宝。

　　怀孕40周，每周都有饮食推荐表，告诉你每餐要补什么营养素，怎么搭配才更营养，让你和肚子里的胎宝宝都能得到最好的营养呵护。分娩后，根据哺乳妈妈和非哺乳妈妈的不同饮食需求，分别精心准备了产后食谱，让新妈妈的身体恢复更顺利，照顾宝宝更有信心。

　　你和家人都在期待着宝宝的来临，不过现在你要做的，就是一口一口认真吃，让食物把浓浓的爱，传递给肚子里的他。

↗目录
contents

第一章
怀孕遇到这些时，食物是最好的医生

第二章
孕期饮食也是一件享受的差事

第三章

月子吃好两人补

第一章
怀孕遇到这些时，
食物是最好的医生

害喜也是一种"幸福"

恭喜你，你的腹中正在孕育一个新的开始。现在除了孕吐外，你暂时还不能真切地感觉到他的存在，但他却真真切切地在那里，等待你的滋养和呵护。

早晨刷牙时，闻到某种气味，甚至听家人提到某些食物时，胃底部突然泛出的强烈呕吐感迫使你不时朝卫生间跑去。这就是孕吐，民间俗称害喜，是准妈妈孕期生活开始最为明显的标志之一。一般会在第7周出现，在第8~10周达到顶峰，12周时回落，也有一些准妈妈孕吐的持续时间会长一些，当然也有一些准妈妈不会出现这一症状。

柠檬片泡水喝可以缓解恶心、呕吐，能有效增进准妈妈的食欲。维生素 B₆ 补充剂也能应对孕吐，但与叶酸片服用时间要间隔半小时以上。

营养要点

准妈妈孕吐时也不用太烦躁，合理的饮食可以缓解这一症状。每次主食的摄入量不宜超过150克，尽量避免吃油炸、甜腻等会加重孕吐的食物。妊娠后补充含叶酸的复合维生素片，可减轻恶心呕吐症状。

重点补充：维生素 B₆

孕吐严重时，可以在医生的指导下每日服用维生素 B₆，可明显减轻呕吐症状，但不能长时间连续服用。同时，准妈妈可以适当多吃一些鸡蛋、豆类、谷物、葵花子、花生仁、核桃等富含维生素 B₆，又不容易引起恶心呕吐的食物。

服用维生素 B₆ 前要咨询医生

在服用维生素 B₆ 之前一定要先咨询医生，加大维生素 B₆ 的剂量更要在医生的指导下进行。过量服用维生素 B₆ 或服用时间过长，会导致新生儿兴奋、哭闹，容易受惊，有的新生儿甚至在出生后几小时或几天内就出现惊厥。这是由于准妈妈孕期过度使用维生素 B₆，使新生儿对维生素 B₆ 产生依赖，出生后维生素 B₆ 的来源不像母体那样充足，新生儿无法适应，体内中枢神经系统的抑制性物质含量降低的缘故。所以准妈妈服用维生素 B₆ 一定要在医生的指导下进行，切忌擅自服用。

维生素 B₆ 不能和叶酸一起服用

维生素 B₆ 在酸性环境中比较稳定，叶酸则需要碱性的环境。如果吃含叶酸的食物或叶酸补充剂时服用维生素 B₆，由于稳定环境相抵触，二者的吸收率都会受到影响。所以，维生素 B₆ 不能和叶酸一起服用，时间最好间隔半小时以上。

孕吐也可用中药调理

一些脾胃虚弱、脾胃不和体质的准妈妈出现呕吐症状，表现为吐清水、身体困乏、舌苔发白，或吐酸水、胸闷、舌苔淡黄等，此时也可求助中医，对缓解症状较为明显。

床边常备水和饼干

准妈妈睡觉前，在床边柜子上放一杯水、一包饼干，夜里饿醒了可以吃一点。临睡前吃一点苏打饼干之类的点心，或喝杯温牛奶，可缓解第二天起床时因空腹产生的恶心感。早上醒来最好先吃点东西再下床，以免因体内血糖较低而引发恶心、呕吐症状。

柠檬汁缓解恶心感

其实，缓解轻微恶心感，只要一个柠檬就够了。在杯子中加入几片柠檬泡水喝，相当开胃。外出时，也可以在包里放一个鲜柠檬，感到恶心时拿出来闻嗅，也能起到舒缓恶心感的作用。

巧用生姜

准妈妈可以切两片一元硬币大小的生姜，用开水浸泡5~10分钟。拿掉姜片，加入红糖、蜂蜜或柠檬汁饮用。孕吐严重时，可以口含一片鲜姜，或者在喝的水中加一些鲜姜汁，都能缓解恶心的症状。

刷牙恶心，换个方式

孕吐时不要急着刷牙，否则可能会伤害牙齿表面，引起严重的牙齿问题。准妈妈可以先用清水或是非药用的孕妇专用漱口水漱口，隔一个小时等牙齿表面的酸性下降后再刷牙。若是刷牙时有呕吐感，可换用较小的刷头，并且放慢刷牙速度。

干稀搭配，少食多餐

这一阶段，准妈妈吃东西最好是干稀搭配、少食多餐。恶心、呕吐时多吃一些较干的食物，如烧饼、饼干、烤馒头片、面包片等，注重摄入富含碳水化合物和蛋白质的食物。不要吃油炸食物、油腻的浓汤等，以免加重孕吐，辛辣刺激以及不易消化的食物也要避免。

孕吐厉害及时就医

孕吐一般情况下不会影响准妈妈和胎宝宝的健康，但如果出现十分严重的孕吐情况，会导致准妈妈脱水，体重减轻。一旦出现脱水（没有小便，或小便是黑黄色）、晕眩、虚弱、心跳加速或呕吐次数频繁，不能进食，呕吐物中夹有血丝，就必须马上去医院。

饮食干稀搭配能减轻孕吐。口味清淡的粥能补充水分和能量，饼干、烤面包等较干的食品也能减轻恶心、呕吐症状。

孕吐对胎宝宝有影响吗

孕期轻度到中度的恶心以及偶尔呕吐，一般不会影响胎宝宝的健康。只要没有出现脱水或进食过少的情况，即使在孕早期（孕期的前3个月）体重没有增加，也没什么问题。多数情况下，进入孕中期准妈妈应该能够很快恢复食欲，并且体重开始增加。

别人怀孕都在吐，我却没有吐，是胎宝宝有问题吗

孕吐是个人体质对怀孕的反应，有的人吐得很厉害，有的人则完全没有。并不是说有孕吐就表示胎宝宝发育得比较好，没孕吐就代表发育有问题，不能根据吐不吐来检验胎宝宝发育的好坏。有些准妈妈本来吐得很厉害，后来就不吐了，就会质疑胎宝宝的发育。其实，怀孕3个月之后，孕吐症状就会慢慢减轻，这属正常状况，与胎宝宝发育好坏无关。

有人说，孕吐厉害说明怀的是女孩，是真的吗

这种说法完全没有科学根据。准妈妈孕期出现恶心呕吐，主要是由于增多的雌激素对胃肠道平滑肌的刺激作用所致。轻微的孕吐可以不必进行治疗，一般12周左右就会逐渐消失。至于判断胎宝宝的性别，最直观的方法就是B超。但是目前我国法律上规定，非医学目的分辨胎宝宝性别是违法的，医院是不能擅自告诉准妈妈胎宝宝性别的。

营养食谱

菜品 香菇油菜

香菇味道鲜美、香气沁人。油菜富含蛋白质、维生素C、钙、钾等营养素，清香爽口。准妈妈孕吐没有食欲时，很适合吃这道素炒。

原料： 油菜250克，鲜香菇6朵，盐、蒜末、植物油各适量。

做法： ❶油菜择洗干净；鲜香菇洗净，去蒂后切片。❷油锅烧热，先放油菜，炒至七成熟，接着放入香菇片，炒至油菜梗软烂，加入盐、蒜末调味即可。

关键营养素：维生素B$_6$	
每日建议摄取量：2.2毫克	
补充理由：孕早期补充维生素B$_6$，有助于缓解孕吐反应	
主要食物来源：鸡肉、糙米、香蕉、坚果等	

10

主食 红枣鸡丝糯米饭

红枣鸡丝糯米饭可以根据准妈妈的口味，调成甜的或是咸的，都很好吃。糯米饭甜中透香，补中健胃，滋补强身，补气血，增食欲。

原料： 红枣8个，鸡肉150克，糯米100克。

做法： ❶鸡肉洗净，切丝，氽烫；糯米洗净，浸泡2小时。❷将糯米、鸡肉、红枣放入锅中，加适量水，蒸熟。

关键营养素：维生素C	
每日建议摄取量：130毫克	
补充理由：孕期及时补充维生素C可预防贫血、色斑以及孕期疲惫等	
主要食物来源：红枣、猕猴桃、苹果、绿豆芽等	

20

汤 西红柿培根口蘑汤

口蘑含有丰富的蛋白质、B族维生素和维生素C。西红柿富含维生素C和叶酸。这道汤是准妈妈止吐开胃的理想汤品。

原料： 西红柿2个，培根100克，口蘑、面粉、牛奶、香菜叶、盐、植物油各适量。

做法： ❶培根切小片；西红柿去皮后放入搅拌机搅打成泥；口蘑洗净切片。❷油锅烧热，加少许面粉煸炒，放入培根片、口蘑片、牛奶和西红柿泥，加水调成适当的稀稠度，加盐调味，撒上香菜叶即可。

关键营养素：蛋白质	
每日建议摄取量：孕早期70~75克	
补充理由：有助于胎宝宝肌肉、内脏、皮肤、血液等的合成和发育	
主要食物来源：牛奶、鸡蛋、鸡肉、鱼、虾、大豆、口蘑等	

15

菜品 糖醋莲藕

莲藕有清心安神、养阴清热、润燥止渴的作用,这道糖醋莲藕,味道酸甜适中,口感爽脆,很适合孕早期胃口不佳的准妈妈食用。

原料: 莲藕1节,料酒、盐、白糖、醋、香油、葱花、植物油各适量。

做法: ❶将莲藕洗净去皮,切片。❷油锅烧热,下葱花略煸,倒入莲藕片翻炒,加入料酒、盐、白糖、醋,继续翻炒,待莲藕片熟透,淋入香油即可。

关键营养素:碳水化合物
每日建议摄取量:孕期不低于150克
补充理由:预防孕期低血糖,以防危害准妈妈和胎宝宝健康
主要食物来源:大米、小米、土豆、莲藕、新鲜水果等

5

粥 燕麦南瓜粥

燕麦含有一种燕麦精,具有谷类的特有香味,能刺激食欲,特别适合准妈妈孕吐时期食用。南瓜口味面而清甜,适合准妈妈常吃。

原料: 燕麦30克,大米50克,南瓜1小块。

做法: ❶南瓜洗净削皮去瓤,切片;大米洗净。❷将大米放入锅中,加适量水,大火煮沸后换小火煮20分钟,放入南瓜、燕麦,继续用小火煮10分钟即可。

关键营养素:锌
每日建议摄取量:20毫克
补充理由:孕早期补锌,可以促进胎宝宝大脑和神经系统的快速发育
主要食物来源:燕麦、糙米、坚果、牛肉、虾等

30

饮品 橙汁酸奶

橙汁酸奶酸甜可口,有很好的健脾开胃的效果,能让准妈妈的食欲大增,还能为准妈妈和胎宝宝提供丰富的维生素C和钙。

原料: 柳橙1个,酸奶半袋(125毫升),蜂蜜适量。

做法: ❶将柳橙去皮,去子,榨成汁。❷将柳橙汁与酸奶、蜂蜜搅匀即可。

关键营养素:维生素C
每日建议摄取量:130毫克
补充理由:孕早期补维生素C,可以预防坏血病,也能促进铁的吸收
主要食物来源:柳橙、猕猴桃、西红柿、甜椒等

5

素食准妈妈，照样吃出健康宝宝

如果你本来就吃素食，备孕时或怀孕后也不想改变这种习惯，却又担心会影响胎宝宝的生长及智力发育。那么，有必要了解素食也能吃出健康宝宝的秘诀。

你也许是为了宗教信仰而坚持素食，也许是为了保持身材而只吃素，也许由于孕吐反应远离荤腥，只能吃素……总之，现在的你是一位素食准妈妈。虽然吃素可能会面临营养素摄取不全面的问题，但通过合理的饮食搭配，怀孕时吃素也能满足自己和胎宝宝对营养素的需求。

吃素不要只吃蔬菜，要多吃些松子等坚果类和豆类、豆制品食物，补充丰富的优质蛋白；还可以吃些鸡蛋和牛奶，让优质营养素摄入更全面。

营养要点

素食准妈妈只要通过合理的饮食搭配、均衡的营养摄入，即使怀孕了不吃荤，也能保证胎宝宝的健康。准妈妈可以多吃一些牛奶、奶制品和蛋类，还可以适量补充坚果。

重点补充：蛋白质

怀孕之后，准妈妈体内激素的变化、血液量的增加、每日活动的能量需求，以及胎宝宝的生长发育，都需要摄取大量蛋白质，而且优质蛋白质有助于胎盘的建造，支持胎宝宝脑部发育，帮助胎宝宝合成内脏、肌肉、皮肤、血液等。这些优质蛋白质需要从豆制品、蛋类、奶类食物中获取。

素食准妈妈的蛋白质补充方案

怀孕之后身体会需要大量的蛋白质，孕早期对蛋白质要求达到每日70~75克，比孕前多15克；孕中期蛋白质需求达每日80~85克，孕晚期是胎宝宝大脑生长发育最快的时期，蛋白质要增加到每日85~100克。

对于素食准妈妈来说，可以多吃一些富含蛋白质的豆类、豆制品以及坚果等食物，通过食材互补的方法来满足身体对蛋白质的需求。不过植物性蛋白不能替代动物性蛋白，建议素食准妈妈每周吃1~2次鱼，或者虾、干贝等海产品，每日保证1~2个鸡蛋、250~300毫升牛奶，再吃点花生、核桃等零食，这样才能保证每日所需蛋白质。

至少要吃些鸡蛋、牛奶

一般来说，动物性蛋白的营养价值要高于植物性蛋白。所以素食准妈妈在摄取蛋白质的时候，尽量两者兼顾，搭配补充，而不能单一补充植物蛋白。素食准妈妈至少要适当食用鸡蛋、牛奶等高蛋白的食物，才能达到均衡营养。准妈妈的饮食要尽量合理搭配、营养均衡，对以后宝宝的饮食习惯和喜好有积极的影响。

每天 1~2 个鸡蛋就可以

一些素食准妈妈会通过多吃鸡蛋来代替肉类，从而获取所需的营养素，这种做法是不正确的。鸡蛋虽然富含蛋白质、卵磷脂和多种氨基酸，但也不能多吃，吃多了会加重胃肠负担，影响消化吸收，甚至导致胆固醇浓度升高，每日吃 1~2 个就可以了。

用多种鱼类代替肉类

鱼类食物含有大量的优质蛋白质，而且低脂肪、低胆固醇，不仅营养丰富，口感细嫩，而且容易消化，很适合不喜欢吃肉的准妈妈。素食准妈妈每周至少要吃一次鱼，这对胎宝宝机体和大脑的健康发育大有裨益，而且不要只吃一种鱼，尽量吃不同种类的鱼。淡水鱼中的鲈鱼、鲫鱼、鲢鱼、黑鱼等，深海鱼里的三文鱼、鳕鱼、鳗鱼等，都是不错的选择。保留营养的最佳方式就是清蒸，用新鲜的鱼炖汤也是保留营养的好方法。

豆浆不能代替牛奶

有些素食准妈妈认为豆制品的蛋白质也很丰富，就常喝豆浆而不喝牛奶，这种做法是不科学的。首先，植物性蛋白的营养价值要稍低于动物性蛋白；其次，牛奶还含有豆浆所缺乏的钙、维生素 A、维生素 D 以及 B 族维生素。虽然准妈妈可以喝豆浆，但是不建议用豆浆代替牛奶。

身边常备瓜子、腰果

在素食中，坚果是除豆类、豆制品外富含蛋白质的另一大类食物。素食准妈妈可以随身带一些或在办公室放一些瓜子、腰果、松子、榛子、核桃等坚果类的零食，随时吃几粒，不仅能补充蛋白质、油脂和矿物质等营养素，利于胎宝宝大脑发育，还有助于调节心情。

从鱼、虾、贝类中摄取牛磺酸

植物性食物一般含维生素较多，但是普遍缺乏一种叫牛磺酸的营养成分。如果缺乏牛磺酸，会对胎宝宝的视网膜发育造成影响。而准妈妈也需要从外界摄取一定量的牛磺酸，以维持正常的生理功能。鱼、虾、贝类都是含牛磺酸丰富的食物，建议素食准妈妈适量吃一些。

鸡蛋是素食准妈妈的营养素仓库，但一定要烹制熟，没熟的鸡蛋可能含有沙门氏菌，会影响准妈妈和胎宝宝的健康。

📖 营养问答

完全不吃动物性食物的准妈妈怎么办

准妈妈如果只是不吃肉，可以从鸡蛋、乳制品和鱼、虾之中摄入足够的蛋白质；而如果完全不吃动物性食物，虽然植物性食物也能提供充足的蛋白质，但可能会缺乏某些其他营养素。所以准妈妈还是应尽量吃些鸡蛋、鹌鹑蛋类和牛奶、奶酪等食物。

素食准妈妈为什么要吃一些坚果

核桃、瓜子等坚果中富含不饱和脂肪酸，而不饱和脂肪酸能保证胎宝宝中枢神经系统和大脑组织的完善发育。建议孕期至少要吃一些富含油脂的坚果、大豆、植物油等。

偏食准妈妈怎么吃才合理

除了只吃素食外，一些准妈妈还有偏食的习惯，如不喜欢吃蔬菜、只吃菜不吃饭、偏好某一种口味等。怀孕之后就要尽量克服这些偏食的习惯，至少要用营养功能相近的食物去替代，比如不喜欢吃蔬菜时，可以吃一些富含维生素 C 的水果；主食一定要吃，可以用粗粮代替精细的米面；尽可能改掉偏好甜、咸、辣、酸等口味的喜好。避免吃辣椒、八角、胡椒、花椒等刺激性调味料，酱油、钠盐等也要控制摄入量。家人也可以通过改变食物的做法、花样来改善准妈妈的食欲。有时换一套餐具或让餐桌重新布置，也能激起食欲。

营养食谱

菜品 黄瓜腰果虾仁

准妈妈常吃腰果可以补充蛋白质和不饱和脂肪酸，提高身体抵抗力。这道菜易于消化，很适合不喜欢吃肉的准妈妈。

原料： 腰果15颗，虾仁5个，黄瓜半根，胡萝卜半根，葱花、盐、香油、植物油各适量。

做法： ❶黄瓜、胡萝卜洗净，切丁备用。❷油锅烧热，将腰果炸熟，装盘备用；虾仁洗净，氽烫后捞出沥水备用。❸锅内留底油，放入葱花煸出香味，倒入腰果、虾仁、黄瓜丁、胡萝卜丁同炒，加入盐调味，淋上香油即可。

关键营养素：蛋白质	
每日建议摄取量：孕早期70~75克，孕中期80~85克，孕晚期85~100克	
补充理由：补充蛋白质，帮助胎宝宝合成各组织器官	
主要食物来源：牛奶、虾、鱼、蛋类、乳类、豆制品等	

10

汤 鸭血豆腐汤

鸭血含铁丰富，菠菜含有丰富的叶酸，豆腐是素食中的补钙佳品。这道汤清淡可口，能调动准妈妈的胃口，很适合孕早期吃。

原料： 鸭血50克，豆腐100克，菠菜、高汤、醋、盐、水淀粉各适量。

做法： ❶菠菜择洗干净，焯水，切碎；鸭血、豆腐切块，放入煮沸的高汤中炖熟。❷加醋、盐调味，以水淀粉勾薄芡，最后加入菠菜稍煮即可。

关键营养素：铁	
每日建议摄取量：孕早期15~20毫克，孕中晚期20~30毫克	
补充理由：孕早期补铁，还能预防缺铁性贫血	
主要食物来源：鸭血、瘦肉、菠菜、银耳等	

20

主食 虾仁蛋炒饭

虾仁是素食准妈妈补充蛋白质的理想食物。虾仁与鸡蛋、香菇、胡萝卜做炒饭，适合素食准妈妈在孕期经常吃。

原料： 米饭1碗，鲜香菇3朵，虾仁5个，胡萝卜半根，鸡蛋1个，盐、料酒、蒜末、植物油各适量。

做法： ❶鲜香菇洗净切丁；胡萝卜洗净切丁；虾仁洗净，加入料酒腌5分钟；鸡蛋打入碗中。❷油锅烧热，将鸡蛋液炒散成蛋花，盛出。❸蒜末入油锅炒香，倒入虾仁翻炒，倒入香菇丁、胡萝卜丁、米饭，拌炒均匀，再加入盐、鸡蛋，翻炒入味。

关键营养素：蛋白质	
每日建议摄取量：孕早期70~75克，孕中期80~85克，孕晚期85~100克	
补充理由：素食准妈妈宜从蛋类中摄入足够的蛋白质	
主要食物来源：蛋类、牛奶、豆制品、坚果等	

10

菜品 甜椒炒腐竹

腐竹是钙的优质来源，其钙含量丰富而且吸收率高。甜椒富含的维生素能促进钙的吸收，素食准妈妈应该常吃。

原料：甜椒2个，腐竹1根，葱花、盐、香油、水淀粉、植物油各适量。
做法：❶甜椒洗净，去子，切成片；腐竹泡水后斜刀切成段。❷油锅烧热，放入葱花煸香，再放入甜椒片、腐竹段翻炒。❸调入水淀粉勾芡，出锅时加盐调味，再淋上香油即可。

关键营养素：钙
每日建议摄取量：孕早期800毫克，孕中期1000毫克，孕晚期1200毫克
补充理由：能促进胎宝宝的大脑、骨骼和牙齿的发育
主要食物来源：奶制品、鱼、虾、豆制品等

5

粥 松子仁粥

松子仁含有丰富的脂肪、蛋白质、钙等营养成分，大米能够提供丰富的碳水化合物。松子仁粥还有生津润燥、润肠通便的功效。

原料：松子仁20克，大米50克。
做法：❶将松子仁洗净，沥干；大米洗净。❷将松子仁、大米放入锅中，加适量水，大火煮沸，转小火熬煮至米烂汁稠即可。

关键营养素：脂肪
每日建议摄取量：每日约为60克(包括植物油25克和其他食物中的脂肪)
补充理由：素食妈妈应摄取必需的脂肪，促进胎宝宝发育，为分娩储备能量
主要食物来源：谷类、薯类、新鲜水果、坚果

25

饮品 冰糖藕片饮

莲藕的营养价值很高，富含铁、钙等微量元素。冰糖藕片甜脆可口，有止血、止泻功效，利于保胎，防止流产，可以作为准妈常服的饮品。

原料：莲藕1节，枸杞子20克，菠萝片、冰糖各适量。
做法：❶莲藕洗净，去皮，切片；枸杞子洗净，拣去杂质。❷把莲藕片、枸杞子、菠萝片、冰糖放入锅中，加适量水，煮熟即可。

关键营养素：铁
每日建议摄取量：孕早期15~20毫克，孕中晚期20~30毫克
补充理由：素食准妈妈易出现贫血，应补充足够的铁
主要食物来源：莲藕、猪血、牛肉、羊肉、菠菜等

15

二胎准妈妈这样补

怀第二胎的你可能会觉得，怀孕也就那么回事，对饮食没先前那么刻意，觉得一切尽在掌握。其实，怀二胎时的饮食也受年龄、身体状态的影响。

"单独二孩"政策已经开始实施了，而"全面二胎"政策也在审议评估中。看着宝贝在家没有同龄的玩伴，你是不是已经在盘算着给宝贝添一个弟弟或妹妹了呢？虽然你深知怀孕的过程很辛苦，再养一个孩子会很累，但一想到家里多一个小家伙后其乐融融的画面，还是会忍不住想再生一个。

核桃每日吃4~5个就够了。核桃虽然能益智补脑，但含有丰富的碳水化合物和脂肪，吃多了不利于控制体重。多吃些全麦面包，含糖低的水果，可以避免血糖水平起伏太大。

营养要点

二胎准妈妈的营养摄取原则和怀第一胎时一样，都是按照准妈妈的营养需求和胎宝宝的身体变化来补充，但是二胎准妈妈尤其应该预防营养过剩。二胎准妈妈如果超过35岁，就属于高龄准妈妈了，妊娠合并症的发生率会显著增高，除了要认真监测血压、血糖、体重外，更要注意饮食上的调控。

重点关注：警惕营养过剩

很多人对孕期的饮食有一个误区，总是担心营养不足而大补特补。虽然孕期一定要保证充足的营养摄取，但也不能矫枉过正。过度的食补往往导致营养过剩，容易出现孕期肥胖症和妊娠期糖尿病，这带给二胎妈妈的危害更大，所以二胎准妈妈的饮食更不能随意。

预防妊娠期糖尿病

处于最佳生育年龄的准妈妈，身体条件会比较好，但是对于二胎准妈妈来说，要更加重视预防妊娠期糖尿病。一般来说，二胎准妈妈的年龄多半偏大，甚至属于高龄准妈妈，身体状况自然不如最佳生育年龄的准妈妈，发生妊娠期糖尿病的概率就会大一些，也容易出现妊娠高血压综合征、羊水过多，甚至产出巨大儿等。而且妊娠期糖尿病如果没能得到很好的控制，在分娩后会很容易发展成2型糖尿病。

补充维生素助降糖

维生素在糖代谢中起着重要的作用，尤其是维生素B_1、维生素B_2和烟酸，可以促进胰岛素的分泌，提高组织对胰岛素的敏感性，从而使血糖下降。维生素C也具有降低血糖的功效，还能改善脂质代谢紊乱，预防心脑血管病变及周围神经病变的发生。二胎准妈妈要多摄取富含维生素的食物，如花生、核桃、菠菜、卷心菜、胡萝卜等。

每餐七分饱

二胎准妈妈的饮食，既要满足胎宝宝的营养需求，还要避免热量摄取过多。因此营养专家建议二胎准妈妈每餐不要吃太多，七分饱就可以了，避免血糖水平起伏过大。可以在一日三餐之间根据需要选择加餐，加餐同样不能吃太多，特别是尽量少吃高糖的甜点、蛋糕等。

在医生的指导下降糖

对于出现血糖异常的二胎准妈妈，应该及时去医院做妊娠期糖尿病检查。一旦检查出妊娠期糖尿病，就要从日常饮食中严格控制血糖水平。如果血糖无法通过饮食和适量运动控制达标，即妊娠期糖尿病的症状比较严重的时候，应该权衡利弊，在医生的指导下进行胰岛素治疗，因为不受控制的高血糖对准妈妈和胎宝宝的伤害更大。

管理体重，怀二胎也有好身材

保持好身材是每位女性的追求，二胎准妈妈也不例外。科学的体重管理，不仅能防止身材变形走样，也有助于自己和胎宝宝的健康，从怀孕到分娩一路畅通。

那么孕期体重到底增加多少才是最合适的呢？一般来说，在孕期的前3个月，每周的体重增长不宜超过200克；在孕期的4~7月，每周的体重增长不宜超过350克，而到孕期的后3个月，每周的体重增长不宜超过500克。

二胎准妈妈可以用孕前的体重指数（BMI）作为标准，用来衡量准妈妈的合理增重。BMI=体重（千克）/[身高（米）]^2

如果孕前BMI指数小于18.5，就表示孕前体重偏瘦，孕期的体重增加目标应该是12~15千克。二胎准妈妈在孕期就要注重营养均衡，防止出现营养不良。

孕前BMI指数在18.5~22.9之间，就表示孕前体重合理，孕期的体重增加目标应该是10~12千克。二胎准妈妈在孕期只要正常饮食、适度运动就可以了。

孕前BMI指数一旦大于23，就意味着孕前偏胖，孕期合理的体重增加目标应该是7~9千克。二胎准妈妈在孕期就应该严格控制体重，不能营养过剩，而且要定期去医院做检查。

每周测一次体重，有助于二胎准妈妈了解体重增加是否在合理的范围内，可以预防营养过剩导致妊娠期糖尿病。

营养问答

二胎准妈妈为什么要控制水果的食用量

水果富含维生素和矿物质，是准妈妈在孕期很喜欢吃的食物，但很多水果中含有大量糖分，因此绝不是吃得越多越好。每日保证两种不同的水果摄入。控制进食量。蔬菜中同样含有丰富的维生素和矿物质，而且含糖少，所以准妈妈要均衡食用水果和蔬菜。

体重增长过快怎么办

如果二胎准妈妈的体重增长过快，就应该减少油脂和单糖食物的摄入，转而适当增加蛋白质的摄入。在保证能量供给的前提下，降低孕期肥胖症、妊娠高血压综合征和妊娠期糖尿病的患病概率。与此同时，应该定期到营养门诊监控营养状况，确保自己身体的健康和胎宝宝的正常发育。

第一胎是剖宫产，第二胎也要剖宫产吗

第一胎是剖宫产，第二胎理论上是可以选择顺产的，但分娩风险和并发症可能会增大，所以大多数二胎准妈妈还是会选择剖宫产。如果二胎准妈妈希望顺产，在医生的同意和指导下是可以的，但前提是确认第一胎分娩后的子宫得到良好的恢复，胎宝宝的体重合理，而且要对分娩过程进行严密监控。

营养食谱

菜品 **百合炒牛肉**

牛肉所含的铁有助于补血养血、修复组织。准妈妈常吃有利于胎宝宝的发育，还有助于增强自身的体质。

原料：牛肉250克，鲜百合150克，甜椒片、蚝油、盐、植物油各适量。

做法： ❶牛肉洗净，切成薄片，放入碗中，用盐、蚝油抓匀，腌20分钟以上；鲜百合掰成瓣后洗净。❷油锅烧热，倒入牛肉片，大火快炒，加入甜椒片、百合翻炒至牛肉全部变色，加盐调味即可。

关键营养素：铁
每日建议摄取量：孕晚期15~20毫克，孕中晚期20~30毫克
补充理由：预防缺铁性贫血对身体抵抗力的影响，还能改善睡眠质量
主要食物来源：牛肉、动物肝脏、黑木耳、菠菜等

10

汤 **鱼头黑木耳汤**

鱼头富含优质蛋白、锌、钙等矿物质，是二胎准妈妈滋补的佳品，还有益于胎宝宝神经系统的发育。黑木耳是补铁的佳品。

原料：鱼头1个，冬瓜100克，油菜50克，水发黑木耳80克，盐、葱段、姜片、料酒、植物油各适量。

做法： ❶将鱼头洗净；冬瓜洗净，去瓤、皮，切片；油菜、水发黑木耳择洗干净。❷油锅烧热，放入鱼头煎至两面金黄，烹入料酒，略焖，加盐、葱段、姜片、水，大火烧沸后小火煮20分钟，放入冬瓜片、黑木耳、油菜，略煮即可。

关键营养素：锌
每日建议摄取量：20毫克
补充理由：补锌能增强准妈妈的抵抗力，也有助于胎宝宝中枢神经系统的发育
主要食物来源：海产品、牛肉、松子、花生等

30

主食 **海鲜炒饭**

墨鱼、干贝、虾仁都是优质蛋白的理想来源，其丰富的牛磺酸，可以有效减少血管内壁的胆固醇，有降血压、强化肝脏功能的功效。

原料：米饭1碗，鸡蛋1个，小墨鱼1只，虾仁、干贝各20克，葱花、干淀粉、盐、植物油各适量。

做法： ❶小墨鱼去外膜切丁，和干贝、虾仁一起洗净，放入碗中加干淀粉和部分蛋清拌匀，汆烫，捞出；油锅烧热，将蛋液煎成蛋皮，切丝。❷油锅烧热，爆香葱花，放入虾仁、墨鱼、干贝翻炒，加入米饭、蛋丝、盐炒匀即可。

关键营养素：蛋白质
每日建议摄取量：孕早期70~75克，孕中期80~85克，孕晚期85~100克
补充理由：蛋白质帮助胎宝宝合成内脏、肌肉、皮肤、血液等
主要食物来源：海产品、鱼肉、蛋、豆制品等

10

粥 小米鸡蛋粥

小米富含碳水化合物和B族维生素,不仅具有益气补肾、清热利水的作用,还可预防妊娠糖尿病,很适合二胎准妈妈经常食用。

原料: 小米100克,鸡蛋2个,红糖适量。

做法: ❶小米淘洗干净;鸡蛋打散。❷将小米放入锅中,加适量水,大火煮沸,转小火煮至将熟,淋入蛋液,调入红糖,稍煮即可。

关键营养素: 碳水化合物
每日建议摄取量: 孕期不低于150克
补充理由: 足量的碳水化合物能促进胎宝宝的正常发育
主要食物来源: 小米、大米、薯类、新鲜水果等

 30

主食 阳春面

猪油中饱和脂肪酸和不饱和脂肪酸的含量相当,这碗面富含维生素 B_1、维生素 B_2、维生素 B_6,二胎准妈妈常吃有助于正常的能量代谢。

原料: 面条100克,洋葱1个,葱花、蒜末、香油、盐、高汤、猪油各适量。

做法: ❶洋葱去外皮,洗净切薄片。❷猪油在热锅中熔化,然后放入洋葱片用小火煸出香味直到洋葱变色,炸出葱油。❸在盛面的碗中放入1勺葱油,放入盐。然后把煮熟的面挑入碗中,加入高汤,淋入香油,撒上葱花、蒜末即可。

关键营养素: B族维生素
每日建议摄取量: 维生素 $B_1$1.5毫克,维生素 $B_2$1.7毫克,维生素 B_{12}2.6毫克
补充理由: 促进脂肪、蛋白质、碳水化合物转化为热量
主要食物来源: 面条、玉米、小米、牛奶、鸡蛋、鱼肉

 20

饮品 芒果柳橙苹果汁

芒果、柳橙、苹果都富含维生素C和叶酸,不但能促进胎宝宝神经系统的发育,而且还能帮助胎宝宝拥有细腻白皙的皮肤。

原料: 芒果1个,柳橙1个,苹果半个,蜂蜜适量。

做法: ❶将芒果沿核切开,取上块,用刀在果肉上划若干交叉线,抓住两端翻面,取出芒果果肉。❷将苹果和柳橙洗净,去皮,去子,切块,与芒果肉一同放入榨汁机中。❸加入半杯纯净水榨汁,加入蜂蜜即可。

关键营养素: 维生素C
每日建议摄取量: 130毫克
补充理由: 维生素C不但能促进胎宝宝正常发育,还能让胎宝宝拥有细腻白嫩的皮肤
主要食物来源: 芒果、柳橙、猕猴桃、甜椒、西蓝花等

 5

怀了多胞胎怎么吃

孕期的饮食营养至关重要，而怀上多胞胎，无疑对营养的摄取提出了更高要求。科学的饮食，能让两个或多个胎宝宝都得到健康的发育。

怀孕之后，你的早孕反应比其他准妈妈更强烈，去医院检查时，医生告诉你怀上了多胞胎。这个消息让你既惊喜，同时又有一丝的紧张和担心。这意味着你要在孕期比其他准妈妈付出更多，但你要对自己有信心，相信自己有能力让胎宝宝们都健康地发育成长。

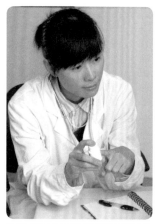

补铁剂要在医生的指导下服用，不能补充过量，在补充一个月后，最好去医院检查补充效果。每日吃1个富含维生素C和铁的苹果，也能帮助准妈妈提高补铁效果。

营养要点

多胞胎准妈妈比单胎准妈妈的负担要重得多，如早孕反应更强烈、血液流量比平时高出70%~80%、体重增长幅度更大等。由于要承担两个或多个胎宝宝发育的营养需求，准妈妈更要保证足量的营养摄入，尤其是铁、优质蛋白质、钙和叶酸等营养素。

重点补充：铁

怀多胞胎准妈妈的血容量比单胎准妈妈明显增多，对铁的需求量也明显增大，往往在孕早期就会出现贫血，以后还很可能发生妊娠高血压综合征。为了防治贫血，准妈妈的饮食应该注重补铁，特别是进入孕晚期，如果有需要的话还得服用补铁剂。

额外补充铁剂要咨询医生

对于单胎准妈妈，铁在孕早期每日的需求量是15~20毫克，到了孕中晚期则是20~30毫克，而多胞胎准妈妈的需求量明显增大。因为多胞胎准妈妈体内不止一个胎宝宝在生长发育，需要供给更多的血液。食物虽然可以为准妈妈补充一定量的铁，但吸收率很低，大约只有5%，这时候就需要额外补充铁剂了。不过铁剂要在医生的指导下进行，不能缺铁，也不能补铁过量，否则会导致恶心，甚至铁中毒。最好是补充一个月后，再去医院检查补充的效果。

荤素搭配，补铁更有效

食物中的铁分为血红素铁和非血红素铁，血红素铁主要存在于动物性食物中，非血红素铁存在于植物性食物中。一般来说，动物性食物中的血红素铁的吸收率稍高，准妈妈可以适当多吃。最好能荤素搭配补铁，补铁的同时注重维生素C的补充，这样有利于铁的吸收。比如在服用补铁剂的时候，可以吃一些富含维生素C的水果；富含铁的牛肉可以与富含维生素C的西红柿、甜椒等蔬菜搭配烹制，这样的补铁效果会好很多。

选择营养丰富的小份量食物

多胞胎准妈妈适合选择含有足量营养素的小份量食物。高热量且高营养的饮食有助于准妈妈生出健康的足月宝宝。把胃部空间浪费在营养含量低的食物上，会让准妈妈没有足够的空间摄取营养丰富的食物。

准妈妈的肚子越大，每餐的进食量就应该少一些。每餐少吃一点，可以更好地完成每日5~6餐健康饮食和加餐的指标，保证胃部不会过于胀满，保障消化系统不会超负荷。这样还能保持精力水平，将营养物质输送给每个胎宝宝。

体重增加多少最合适

双胞胎准妈妈整个孕期要增重16~20千克，多胞胎准妈妈则至少增重23千克。双胞胎准妈妈在孕早、中、晚期的合理增重分别是1.4~1.8千克、8.5~10千克、6~8.5千克，而多胞胎准妈妈则分别是1.8~2.3千克、13.6千克以上、5~6.8千克。即使在孕早期的孕吐会让体重很难增上去，这也没关系，可以在相对舒适的孕中期补回来。

定期做检查

怀多胞胎时，由于子宫内不止一个胎宝宝，与怀单胎相比更易出现流产、早产、胎膜早破或其他意外情况。所以多胞胎准妈妈的检查频率也较单胎高，需要根据医生的嘱咐按时检查，以便有异常时能及时发现，确保安全。

注重休息，预防早产

有两个或多个胎宝宝同时在子宫内发育成长，会使子宫过度膨胀，子宫难以拉长到适应双胎过大生长的程度，因此早产比较常见，尤其是在准妈妈不注意休息时。所以为了预防早产，准妈妈每日的睡眠时间应不少于10小时，睡眠以左侧卧位为宜。特别是在孕晚期，更要注意休息，不要过度劳累。

对分娩要有信心

虽然多胞胎分娩时的困难多一些，但在医疗技术发达的今天，多胞胎接生技术已经十分成熟。而且，准妈妈身边有亲爱的丈夫和其他家人、技术精湛的医生、认真负责的护理人员，他们都会在准妈妈需要时给予及时帮助，所以准妈妈在分娩时要对自己有信心。

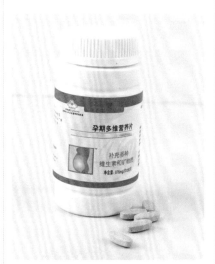

复合维生素片是多胞胎准妈妈的常备营养补充剂，遇到维生素摄入和储备不足，可以及时补充。

营养问答

滥用"多仔丸"有什么危害

"多仔丸"是专门针对排卵障碍的女性使用的促排卵药物，女性在服用促排卵药物后可能一次排出多个卵子，如果这些卵子都受精，就可产生多胞胎。正常女性使用"多仔丸"有很大的副作用，容易导致内分泌紊乱，如果使用不当，还容易导致早产。

怀上多胞胎更要吃营养补充剂吗

这不一定，如果准妈妈能通过食物摄取足够的热量与营养素，就不需要吃营养补充剂。但准妈妈遇到营养摄取和储备不足的时候，比如缺钙、铁、锌、维生素等，就要在医生的指导下选择营养补充剂补充缺乏的相应营养素。

怀了多胞胎，选择顺产还是剖宫产

双胞胎的分娩方式主要取决于胎宝宝在子宫内的姿势。如果两个胎宝宝都是头下臀上，或者一个头下臀上，另一个头上臀下，理论上都可以顺产。如果准妈妈有重度妊娠高血压综合征、妊娠合并症、前置胎盘等特殊情况，为了准妈妈和胎宝宝的安全，无论是双胞胎还是多胞胎，都应该选择剖宫产。但目前临床上多胞胎准妈妈大多选择剖宫产，因为多胎妊娠属于高危妊娠，多数不选择顺产。

营养食谱

菜品 猪肝拌菠菜

猪肝富含铁、钙，是准妈妈补铁的好选择，但每次食用量不宜超过50克，每周1~2次即可。猪肝拌菠菜适合给准妈妈补铁和叶酸。

原料： 猪肝50克，菠菜200克，香菜、盐、醋、蒜泥、香油各适量。

做法： ❶猪肝洗净，煮熟，切成薄片；菠菜择洗干净，焯水后切段；香菜择洗干净，切段。❷用盐、醋、蒜泥、香油兑成调味汁。❸将菠菜放在盘内，上面放上猪肝片、香菜段，倒上调味汁拌匀即可。

关键营养素：铁	
每日建议摄取量：孕早期15~20毫克，孕中晚期20~30毫克	
补充理由：铁参与血红蛋白的形成，帮助将充足的养分输送给胎宝宝	
主要食物来源：动物肝脏、瘦肉、牛肉、菠菜等	

主食 什锦核桃饭

什锦核桃饭是准妈妈补充碳水化合物的好选择，而且什锦酱有苹果的清甜和番茄酱的酸甜可口，让准妈妈更有食欲。

原料： 大米150克，牛奶150毫升，苹果丁、葡萄干、核桃仁各25克，白糖、番茄酱、水淀粉、黄瓜片各适量。

做法： ❶大米洗净，加牛奶和水做成米饭，再加白糖拌匀。❷另起锅，将番茄酱、苹果丁、葡萄干、核桃仁放入，加水和白糖烧沸，用水淀粉勾芡，制成酱。❸米饭扣入盘中，黄瓜片摆盘四周，浇上什锦酱。

关键营养素：碳水化合物	
每日建议摄取量：孕期每日不低于150克	
补充理由：补充更多碳水化合物才能满足多胞胎发育对热量的需求	
主要食物来源：谷物、薯类、新鲜水果等	

汤 鸡血豆腐汤

豆腐含有丰富的蛋白质、钙、铁，有助于胎宝宝牙齿和骨骼的发育。准妈妈常吃可以补充蛋白质、钙等关键营养素，还能护肤。

原料： 鸡血25克，豆腐50克，鸡蛋1个，盐、葱花、香油各适量。

做法： ❶先将鸡血蒸熟，切成小块，用水漂洗；豆腐切块，放入沸水锅中氽烫，捞出沥水；鸡蛋打散。❷锅中加水烧沸，倒入鸡血、豆腐，待豆腐漂起，加鸡蛋、盐烧沸，放入葱花、滴入香油即可。

关键营养素：蛋白质	
每日建议摄取量：孕早期75~85克，孕中期85~100克，孕晚期100~120克	
补充理由：怀多胞胎对蛋白质的需求量明显增加	
主要食物来源：豆制品、海产品、鱼肉、蛋等	

5

20

20

菜品 什锦烧豆腐

豆腐钙、铁的含量很高，准妈妈常吃可以有效防治缺钙和缺铁性贫血。虾米富含蛋白质、钙、锌、镁等营养素。

原料：豆腐200克，虾米10克，笋尖30克，鲜香菇6朵，鸡肉50克，料酒、盐、葱花、植物油各适量。

做法：❶豆腐洗净，切块；鲜香菇、笋尖、鸡肉分别洗净，切片。❷油锅烧热，放入葱花、虾米和香菇片煸炒出香味，放豆腐块和鸡肉片、笋片，调入料酒炒匀，加水烧沸后转小火略煮，加盐调味即可。

关键营养素：钙	
每日建议摄取量：孕早期800毫克，孕中期1000毫克，孕晚期1200毫克	
补充理由：充足的钙量摄入，有助多胞胎宝宝骨骼和牙齿的生长发育	
主要食物来源：豆制品、奶制品、海产品等	

10

粥 花生紫米粥

紫米含有丰富的B族维生素、蛋白质，以及铁、锌、钙、磷等矿物质营养素，不仅给准妈妈补铁，对胎宝宝眼睛发育也大有裨益。

原料：紫米、糯米各30克，红枣5颗，花生仁10粒，白糖适量。

做法：❶将紫米、糯米分别淘洗干净；红枣去核洗净。❷在锅内放入水、紫米和糯米，大火煮沸后，再改用小火煮到粥熟时，加入红枣、花生仁煮至熟烂，最后以白糖调味即可。

关键营养素：B族维生素	
每日建议摄取量：维生素$B_1$1.5毫克，维生素$B_2$1.7毫克，维生素B_{12}2.6毫克	
补充理由：推动体内代谢，促进脂肪、蛋白质、碳水化合物转化为热量	
主要食物来源：紫米、玉米、小米、鸡蛋、鱼等	

25

饮品 苹果甜椒莲藕汁

甜椒富含维生素C，有健胃、明目，以及提高抵抗力的作用。这款饮品能给准妈妈补充丰富的营养素，而且清爽开胃。

原料：苹果半个，甜椒半个，莲藕1节。

做法：❶苹果洗净，去皮，去核，切小块；莲藕洗净去皮，切成丁；甜椒洗净，去蒂，去子，切小块。❷将苹果、甜椒、莲藕放入榨汁机内，加半杯温开水，榨汁即可。

关键营养素：维生素C	
每日建议摄取量：130毫克	
补充理由：维生素C不但能提高准妈妈的抵抗力，还能促进铁的吸收	
主要食物来源：苹果、甜椒、草莓、西红柿等	

5

食物带你走出孕期疲劳的怪圈

怀孕之后，你的身体会出现一系列变化，比如容易疲劳、嗜睡、尿频等，这都需要你去逐渐适应，就像需要花时间去适应转变为一位妈妈的角色那样。

在孕早期，由于早孕反应，你晚上的睡眠质量可能会较差，于是在白天就会出现强烈的倦意。到了孕中期相对就舒适多了，也不会像孕早期那样经常感到疲劳。而在孕晚期，你的身体承受着巨大的压力，腰酸背痛、胃灼热、腿抽筋、频繁的胎动等，都可能消耗你大量的精力。而且因为担心分娩和产后的一系列问题，心理压力会变大，就更容易感到疲劳了。

适度午睡可以帮助准妈妈缓解疲劳。 特别是对于上班族准妈妈来说，如果中午能有30分钟到1小时的午睡时间，下午会更有精神。

营养要点

准妈妈要是感到疲劳，饮食上进行调理会有帮助。准妈妈的饮食应该由蔬菜、水果、粗细粮搭配的主食、脱脂牛奶、蛋、瘦肉、豆类等食物构成，这有助于准妈妈消除疲劳、提振精神、舒缓压力，在相对舒适和放松的身心状态下，孕育出健康的宝宝。

重点补充：B 族维生素

适当的矿物质营养素，如钙、铁以及充足的维生素、蛋白质，能有效缓解准妈妈身体的不适，其中又以B族维生素最具有消除疲劳的功效。准妈妈可以常吃一些绿色蔬菜、全谷类、豆类、海产类、坚果类、奶类、蛋类、瘦肉等食物，这些食物都有助于缓解孕期的疲劳症状。

多样化饮食摄取 B 族维生素

当B族维生素中的一种被单独摄入时，由于细胞的活动增加，对B族维生素中其他维生素的需求会跟着增加，因此只有均衡摄入B族维生素，各种营养素才能最大化地利用。鸡蛋、牛奶、深绿色蔬菜、全谷类等食物中都含有B族维生素，准妈妈可以常吃。

B族维生素能促进蛋白质、碳水化合物、脂肪酸的代谢和合成，当B族维生素摄入充足时，则细胞能量充沛，能有效地缓解准妈妈的疲劳感。此外，B族维生素还能维持和改善上皮组织、消化道黏膜组织的健康，帮助身体组织利用氧气，促进胎宝宝皮肤、指甲、毛发、大脑、骨骼及各器官的发育，并能保护肝脏。

蛋白质缓解疲劳

蛋白质是人体三大供能营养素之一，准妈妈如果蛋白质摄入量不足，就容易疲劳。所以准妈妈在感到疲劳的时候，可以适当多吃一些牛奶、豆制品、鸡肉、鱼肉等食物，以便增强体质，保持旺盛的精力，缓减疲劳的症状。

少食多餐有帮助

在孕期，准妈妈的肠胃受到挤压，功能就会相对较弱一些。如果每餐都吃得过饱，肠胃的负担就很大，也容易犯困。所以准妈妈宜吃清淡、易消化的食物，每餐不要吃得太饱，少食多餐，可以在正常的一日三餐之间加餐两次。

忌用浓茶、咖啡来提神

无论准妈妈有多么疲倦难当，都不要用浓茶、咖啡、可乐以及甜腻的蛋糕、糖果来提神，特别是职场准妈妈。虽然这些饮品和食物能让准妈妈在短时间内神经兴奋起来，但短暂的兴奋劲一过，准妈妈反而会比之前更加疲倦。更重要的是，这些饮品和食物对胎宝宝的健康发育不利，准妈妈要避免食用。

适当多吃碱性食物

准妈妈的疲劳与B族维生素摄入不足、缺少蛋白质和偏酸的机体环境有关。所以准妈妈要消除疲劳，除了补充B族维生素和蛋白质外，还可以适当多吃一些碱性食物调节体内酸碱平衡，大多数新鲜的水果和蔬菜都是不错的选择。

喝杯蜂蜜水

蜂蜜是高能量的滋补食物，其中的葡萄糖和果糖能够被人体直接吸收。准妈妈感到疲劳的时候，可以在睡前喝一杯蜂蜜水，对促进睡眠和消除疲劳感有很好的效果。

不要熬夜了

晚上睡眠质量不好，准妈妈白天就会感到疲劳乏力。如果是早孕反应的影响，准妈妈就要尽量去克服；如果准妈妈孕前习惯了熬夜，这时候就要努力改掉这个不好的习惯。保证晚上至少有8小时的睡眠时间，条件允许时，可以午睡1小时。

适度散步也能缓解疲劳

感到疲劳的时候，准妈妈可能会觉得自己的精力不够用，更别说散步了。事实上，类似短距离散步这样的适度运动，反而会让准妈妈感觉更舒服。每日晚饭后散步半小时，伸伸懒腰、做做深呼吸，就能有效摆脱疲劳感。

每日散步半小时，不仅不会感到疲劳，反而能让准妈妈的疲劳状况得到缓解，对晚上睡眠也很有帮助。

油腻、黏滞、寒凉的食物为什么会加重疲劳感

油腻、黏滞、寒凉的食物，容易导致准妈妈的胃火、心火上升，出现眼睛肿痛、面部肿胀。这种内火会影响准妈妈的精神状态和情绪，容易出现劳累、注意力不集中、白天嗜睡、晚间失眠、头晕等问题。因此油腻、黏滞、寒凉这一类食物，准妈妈要尽量少吃或不吃。

睡前适合吃些什么食物

晚上失眠会导致白天疲倦，这可以通过睡前吃一些食物来缓解。牛奶富含L-色氨酸，准妈妈在睡前喝一杯牛奶可以促进睡眠。苹果除了可以缓解孕吐外，还有缓解不良情绪、安心静气的作用。睡前细嚼慢咽吃1个苹果，或榨汁饮用，对睡眠很有帮助。香蕉有减轻心理压力、解除忧郁、降低疲劳的功效，睡前吃1根香蕉，也有镇静、促进睡眠的作用。

上班老是犯困怎么办

上班的时候，工作本身就会让准妈妈很劳累，再加上犯困，就会感觉更辛苦，这就需要准妈妈提高晚上的睡眠质量，保证睡眠时间。如果条件允许的话，最好可以在午休的时候小睡一会，补充体力。还可以将自己的情况给上司和同事说一下，争取他们的理解，让你做相对轻松的工作，或允许你在上班时多走动和吃零食。

营养食谱

菜品 菠菜鸡煲

菠菜是植物性食物中含铁较为丰富的一种蔬菜。菠菜、香菇中富含的B族维生素还可以预防准妈妈失眠、盆腔感染等孕期并发症。

原料: 鸡脯肉200克，菠菜100克，干香菇4朵，葱花、姜末、蚝油、料酒、盐、植物油各适量。

做法: ❶鸡脯肉洗净切成小块；菠菜洗净，切段焯水；干香菇泡发，去蒂切块。❷油锅烧热，用葱花、姜末爆香，加入鸡块、香菇块及蚝油翻炒，放料酒、盐，炒至鸡肉熟。❸将菠菜放入，翻炒即可。

关键营养素: 铁	
每日建议摄取量: 孕早期15~20毫克，孕中晚期20~30毫克	
补充理由: 预防贫血，改善睡眠质量	
主要食物来源: 菠菜、牛肉、瘦肉、动物肝脏等	

主食 黑豆饭

糙米的表皮含有大量的B族维生素，准妈妈经常食用，有助于防止神经系统功能紊乱，消除紧张情绪，保持精力充沛。

原料: 黑豆、糙米各50克。

做法: ❶黑豆、糙米洗净，用水浸泡2个小时。❷将黑豆、糙米、泡米水，一起倒入电饭煲焖熟即可。

关键营养素: B族维生素	
每日建议摄取量: 维生素B₁1.5毫克，维生素B₂1.7毫克	
补充理由: 推动代谢，缓解疲劳症状	
主要食物来源: 糙米、小米、牛奶、鸡蛋、鱼、肉等	

汤 山药羊肉汤

山药中含有皂苷、胆碱、维生素E等营养成分，对于消除孕期疲劳有很好的食疗作用。羊肉高蛋白、低脂肪，有益气补虚的功效。

原料: 羊肉200克，山药150克，盐、姜片、葱花各适量。

做法: ❶将羊肉洗净，切片；山药去皮，洗净，切片。❷将羊肉片、山药片、姜片放入锅中，加入适量水，小火炖煮至羊肉熟烂，出锅前加入盐，撒上葱花即可。

关键营养素: 维生素E	
每日建议摄取量: 14毫克	
补充理由: 维生素E有助于准妈妈缓解孕期疲劳症状，还能预防流产	
主要食物来源: 山药、松子、黑芝麻、植物油等	

30 30 30

菜品 黑木耳炒鸡蛋

鸡蛋中的卵磷脂可提高信息传递的速度和准确性，使准妈妈思维敏捷、注意力集中、记忆力增强。

原料：鸡蛋2个，水发黑木耳50克，葱花、香菜末、盐、植物油各适量。

做法：❶将水发黑木耳择洗干净，沥水；将鸡蛋打入碗内备用。❷油锅烧热，将鸡蛋炒熟后出锅备用。❸锅留底油，将黑木耳放入锅内炒几下，再放入鸡蛋，加入盐、葱花、香菜末调味即可。

关键营养素：卵磷脂	
每日建议摄取量：500毫克	
补充理由：可使准妈妈思维敏捷、注意力集中、记忆力增强	
主要食物来源：鸡蛋、大豆、谷类、玉米油等	

10

粥 葡萄干苹果粥

苹果含有较为丰富的锌元素，常吃苹果可以增强记忆力，健脑益智。孕期的准妈妈每日吃1个苹果，还有利于睡眠。

原料：大米100克，苹果1个，葡萄干20克，蜂蜜适量。

做法：❶大米洗净；苹果洗净去皮、去核，切成小丁。❷锅内放入大米、苹果丁，加适量水大火煮沸，改用小火熬煮40分钟，加入蜂蜜、葡萄干搅匀即可。

关键营养素：锌	
每日建议摄取量：20毫克	
补充理由：孕早期补锌，可以促进胎宝宝大脑和神经系统的快速发育	
主要食物来源：苹果、全谷类、牛肉、虾、坚果等	

40

饮品 牛奶香蕉木瓜汁

牛奶是准妈妈补充蛋白质的理想食物，临睡前喝1杯牛奶，能去除一天的疲乏，对提高睡眠质量很有帮助。

原料：木瓜半个，香蕉2根，牛奶1袋（250毫升）。

做法：❶将木瓜洗净去皮，去子，切块；香蕉去皮，切块。❷把切好的木瓜和香蕉放入榨汁机中榨成汁，加入牛奶即可。

关键营养素：蛋白质	
每日建议摄取量：孕早期70~75克，孕中期80~85克，孕晚期85~100克	
补充理由：帮助准妈妈保持充沛的精力，促进胎宝宝各器官的发育	
主要食物来源：乳类、蛋类、豆制品等	

5

给胃降降火，预防胃灼热

当你准备躺下休息的时候，胸骨后、"心窝"处却出现了一阵阵重压感和烧灼感，折腾得你辗转难安，此时你更能深切感受到怀孕的辛苦与不易。

怀孕是一件甜蜜又辛苦的"差事"，在这期间，你会经历呕吐、恶心、便秘、食物逆流等各种肠胃症状，而且约有半数以上的准妈妈，会在孕中晚期出现胃部灼热的症状。这是由于不断变大的子宫对胃部产生挤压，导致胃里酸性物质逆流引起的，一般在分娩后即可恢复正常，所以不必过于担心。

玉米、糙米、麦片等粗粮富含膳食纤维，能促进胃肠蠕动，对改善准妈妈的消化不良很有帮助，能在一定程度上缓解因消化不良而加重的胃灼热。

营养要点

遭遇胃灼热，准妈妈每餐不要吃太饱，以免使胃内压力升高，横膈上抬，导致食物逆流。选择少食多餐，在睡前2小时最好不要进食。食物的选择以清淡、易消化为原则，而且要少吃高糖、高脂、过冷、辛辣刺激的食物。

重点关注：消化不良加重胃灼热

在孕期，几乎每个准妈妈都会遭遇消化不良。在孕早期，身体产生的大量黄体酮和松弛素，会让胃肠道的平滑肌松弛下来，食物通过胃肠的速度减缓，进而造成消化不良，而导致胃灼热的一个很大诱因就是身体出现消化不良。

缓解胃灼热，先远离消化不良

每餐吃太饱，零食不忌口，只吃精米面，膳食纤维摄入少，补得多运动量小，准妈妈的消化不良常常就是这些不合理的饮食和生活习惯造成的。到了孕中晚期，这种消化不良就会加重胃灼热。所以，缓解胃灼热首先要从饮食调理上开始，用合理的饮食方案远离消化不良。常吃些柑橘、猕猴桃等富含维生素和有机酸的水果，以及富含膳食纤维的蔬菜，促进肠胃道蠕动，促进食物消化。除了多吃蔬菜水果，准妈妈还要远离高糖、肥腻、酸性、过冷、过热、辛辣刺激的食物，减小胃肠的负担和对食管黏膜的刺激，降低食物加重胃灼热的可能。

少食多餐，小口慢吃

少吃多餐可以防止消化系统负担过重，每餐少吃点、每日六餐的饮食方案是缓解准妈妈胃灼热的好办法。除此之外，吃饭时还要小口慢吃，将食物嚼烂，这样有助于食物的消化，减轻消化系统的负担，还能防止空气随食物一起进入胃部，引起不适。

在医生的指导下用药

如果胃灼热症状严重，准妈妈也可以在医生的指导下服用一些没有副作用的碱性药物，如氢氧化铝凝胶，或者服用一些保护胃黏膜的药物，如硫糖铝、迪乐冲剂等，这些可以有效减轻胃灼热。

饭后嚼片无糖口香糖

准妈妈在饭后半小时，可以嚼一片无糖口香糖，刺激唾液分泌，以中和食道中的胃酸。薄荷味口香糖可能会加重胃灼热感，准妈妈可以根据自己的喜好换成其他口味的。

睡觉时抬高上身

可以将床头稍抬高15~20厘米，使上身稍高，这样准妈妈睡觉时可以有效减少食管返流现象，从而减轻烧心感。不要单纯地用枕头、靠垫抬高上身，因为只抬高上身，会使食管与胃之间构成折曲，影响食物顺流入胃，并加重食管返流，加剧烧心感。

左侧卧位睡姿最适宜

孕晚期准妈妈的肚子越来越大，睡个好觉也就越来越困难。孕晚期出现的尿频、腿抽筋、后背痛、胃灼热、精神压力大等症状，也会干扰准妈妈的睡眠。这时准妈妈可以左侧卧位睡觉，能供给胎宝宝较多的血液，胎宝宝在准妈妈肚子里安逸了，准妈妈也会睡得安稳。但一定不要据泥于睡姿，应以舒适为宜。

缓解胃灼热的小妙招

不要在吃饭时大量喝汤水，以免胃胀。睡前2小时内不要进食，饭后半小时内避免卧床。多吃胡萝卜、甜椒、猕猴桃等富含维生素C的果蔬。平时穿宽松舒适的衣服，不要让过紧的衣服勒着腰和腹部。物品掉在地上时，应该屈膝去捡拾，不宜直接弯腰去捡。

心态放轻松

在孕期，很多准妈妈常常担心这担心那，精神很容易高度紧张。这会导致大脑皮质功能出现紊乱，不能很好地控制自主神经系统，造成迷走神经兴奋性增高，促使胃酸分泌过多，刺激胃黏膜，导致胃灼热。因此准妈妈的心态一定要放轻松，保持精神上的轻松愉快。

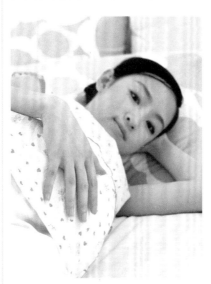

孕中晚期选择左侧卧位睡姿，对胃灼热有很好的缓解作用，也能让腹部和下肢的血液循环通畅。

胃灼热会影响胎宝宝的健康吗

准妈妈在孕中晚期容易出现胃灼热，多发生在睡眠时。当体位为卧位时，或在咳嗽、屏气用力排便时，也会诱发。吃酸性食物、辛辣刺激性食物后，胃灼热会加重。胃灼热虽然不会直接危害胎宝宝的健康，但如果饮食不当，严重影响准妈妈的饮食和作息，就会影响到胎宝宝的健康发育。

都说胃灼热时能吃苏打片，准妈妈也可以吗

准妈妈服用小剂量苏打片不会有影响，长期肯定有副作用。因为碳酸氢钠是碱化尿样和治疗酸血症的药物，吃多了会让身体的pH值呈过碱性，对胎宝宝自然会有影响。

胃灼热和胎宝宝长头发有关系吗

老一辈人之间流传一种说法："孕期恶心感、胃灼热越强烈，宝宝将来的头发长得越好。"这种说法有根据吗？出现胃灼热，是因为胎宝宝在不断长大，子宫顶到了准妈妈的胃而产生的恶心感。腹内压升高，食管倒流和不当的饮食方式，也会加重胃灼热。而胎宝宝的头发和先天遗传以及后天的营养有关，与孕期的恶心和胃灼热没有关系。

营养食谱

菜品 **豆腐干拌芹菜**

芹菜富含的膳食纤维能够促进肠蠕动，促进食物消化，防治便秘。芹菜和豆腐干还有助于预防妊娠高血压综合征、贫血、神经衰弱等。

原料： 熟鸡脯肉丝、芹菜各200克，豆腐干150克，香油、醋、盐、香菜末各适量。

做法：❶芹菜择洗干净，切段，焯水，用凉开水泡凉，沥水备用；豆腐干洗净，切成细丝。❷将豆腐干、芹菜、熟鸡脯肉丝放入碗中，加入香油、醋、盐、香菜末拌匀即可。

关键营养素：膳食纤维
每日建议摄取量： 20~30克
补充理由： 适量的膳食纤维有助于胃肠蠕动，促进食物消化，防治便秘
主要食物来源： 芹菜、全谷类、根茎类、水果等

10

主食 **炒馒头**

孕晚期的胎宝宝除了造血需要铁外，脾脏也要储存一部分铁。黑木耳和鸡蛋含铁丰富，常吃可满足身体对铁的需要。

原料： 馒头1个，鸡蛋1个，水发黑木耳3朵，彩椒半个，盐、植物油各适量。

做法：❶馒头切成小块；鸡蛋加盐打散。❷黑木耳择洗干净，撕片；彩椒洗净，切片；将馒头放入蛋液中，使馒头都裹上蛋液。❸油锅烧热，放入馒头块翻炒，加入黑木耳、彩椒片，炒至馒头略焦黄即可。

关键营养素：铁
每日建议摄取量： 孕早期15~20毫克，孕中晚期20~30毫克
补充理由： 为胎宝宝发育提供充足的铁，改善准妈妈的睡眠质量
主要食物来源： 黑木耳、牛肉、瘦肉等

5

汤 **银耳花生仁汤**

花生含有的锌有助于增强大脑记忆，能促进胎宝宝的大脑发育。常吃花生还能缓解准妈妈的恶心、孕吐，对缓解胃灼热也有一定作用。

原料： 银耳5朵，花生仁10粒，红枣4颗，白糖适量。

做法：❶将银耳用温水泡开，去根洗净；红枣洗净去核。❷锅中倒入水，煮沸，放入花生仁、红枣同煮，待花生仁煮熟时，放银耳同煮5分钟，加白糖调味即可。

关键营养素：锌
每日建议摄取量： 20毫克
补充理由： 孕晚期补锌，能缓解胃灼热，还有助于胎宝宝顺利分娩
主要食物来源： 花生、全谷类、牛肉、虾、苹果

20

主食 雪菜肉丝汤面

孕晚期准妈妈会遭遇胃灼热等多种不适，这时候就要补充充足的热量和营养素。雪菜肉丝汤面能为准妈妈提供热量，而且易于消化。

原料： 面条150克，肉丝200克，雪菜1棵，盐、料酒、葱花、姜末、高汤、植物油各适量。

做法： ❶雪菜浸泡2小时，捞出沥干，切碎末；肉丝洗净，加料酒拌匀。❷油锅烧热，下姜末、肉丝煸炒，至肉丝变色，再放入雪菜末翻炒，调入料酒、盐，炒匀盛出。❸另起锅煮熟面条，盛入碗中，舀入适量高汤，再把炒好的雪菜肉丝均匀地覆盖在面条上，撒上葱花即可。

关键营养素	碳水化合物
每日建议摄取量	不低于150克
补充理由	维持心脏和神经系统的正常运行
主要食物来源	面食、大米、薯类、莲藕、谷物、土豆、坚果等

20

菜品 西蓝花蔬菜小炒

胡萝卜富含维生素A、维生素C、维生素E和β–胡萝卜素，西蓝花富含维生素C。这道小炒还能促消化，防治便秘，减缓胃灼热。

原料： 西蓝花半个，胡萝卜半根，玉米粒2小匙，甜椒、红椒各半个，盐、植物油各适量。

做法： ❶甜椒、红椒择洗干净，切丁；胡萝卜去皮，洗净，切成丁；玉米粒洗净；西蓝花洗净，切小朵。❷锅内烧水，下胡萝卜丁、玉米粒焯水；再下西蓝花焯水。❸油锅烧热，下胡萝卜丁、玉米粒翻炒；放甜椒丁、红椒丁翻炒，加盐，起锅。❹西蓝花围边，将炒好的菜放入盘中央即可。

关键营养素	多种维生素
每日建议摄取量	维生素A900微克、维生素C130毫克
补充理由	有助于顺利分娩
主要食物来源	西蓝花、猕猴桃、胡萝卜、谷类等

10

饮品 酸奶草莓露

草莓含有丰富的维生素C，搭配酸奶，对准妈妈和胎宝宝的皮肤有很好的润泽作用。维生素C不仅能增强准妈妈的身体抵抗力，还有助于缓解准妈妈的胃灼热。

原料： 草莓4个，酸奶1袋（约250毫升），白糖适量。

做法： ❶草莓洗净、去蒂，放入榨汁机中，加入酸奶，一起搅打成糊状。❷放入适量白糖即可。

关键营养素	维生素C
每日建议摄取量	130毫克
补充理由	增强抵抗力，缓解胃灼热，还能让胎宝宝拥有细腻白嫩的皮肤
主要食物来源	草莓、芒果、甜椒、西红柿等

5

感冒：不同症状区别对待

千谨慎万小心，感冒还是来了，虽然不能像以前那样随便吃感冒药，但也不要担心，多喝水，多吃一些增强抵抗力的食物，感冒也会逐渐好起来。

季节转换，气温变化，昼夜温差，正处于孕期的你，受到了病原体的侵害，会比孕前更容易患上感冒。如果症状较轻，只是打喷嚏、流鼻涕，一般不会对胎宝宝产生影响，也就不用服药，休息几天就会好转。如果症状较重或发热了，那就要及时就医，在医生的指导下治疗。

感冒期间多吃些富含维生素C的新鲜果蔬，如圣女果、猕猴桃、西蓝花、甜椒、圆白菜、芹菜等，都含有丰富的维生素C，对增强准妈妈的抵抗力很有帮助。

营养要点

感冒期间，准妈妈的抵抗力较差，需要多休息，饮食应该以清淡、易消化的食物为主，如菜汤、蛋汤、蛋羹、稀粥等。可以选择适合准妈妈的大米粥、小米粥、杂粮粥等，搭配上清淡爽口的小菜，既满足营养的需要，又能增进食欲。

重点补充：维生素C

人体抵抗力系统的防御功能下降了，感冒病毒就会乘虚而入。而维生素C能够促进抵抗力蛋白的合成，提高机体功能酶的活性，增加淋巴细胞数量，抑制新病毒的合成，有抗病毒、增强抵抗力的作用。所以准妈妈要多吃富含维生素C的食物，如苹果、草莓、柳橙、西红柿、甜椒等果蔬。

减少食物中维生素C大量流失

维生素C很容易被破坏，所以果蔬最好是趁着新鲜及时食用，不宜储存太久。如果要储存，可以用纸袋或塑料袋包好，放在冰箱或阴凉处。洗菜时不宜过度揉搓，洗后再切也可以减少营养流失。在烹炒时应该快炒，少加水或不加水。为了保持蔬菜的色泽而加一些小苏打，这也会破坏维生素C。蔬菜可以用60℃左右的热水烫一下再烹炒，也能减少维生素C的流失。水果切开或剥开后应该尽快食用，现榨的果汁也应尽快饮用，不宜久放。

感冒时怎么补维生素C

一份清炒豌豆苗、150克菜花、90克紫甘蓝、150克草莓、250毫升鲜榨橙汁、2个猕猴桃、1个柚子中的任何一种，都能满足准妈妈一天对维生素C的需求量。此外，维生素C和蛋白质一起补充，可以促进胶原蛋白的合成，还能帮助准妈妈消除疲劳、美白肌肤、提高抵抗力。在治疗孕期缺铁性贫血时，如果同时补充维生素C，还可以促进铁的吸收，达到事半功倍的效果。

流质食物是首选

感冒期间，准妈妈除了必须的药物治疗外，可以通过合理的饮食来调理体质。此时准妈妈的饮食应该以清淡、易消化为原则，多吃些汤、粥、汤面等流质食物，多补充蛋白质，还要多吃些富含维生素的水果和蔬菜，以增强机体抵抗力。

大补不可取

认为感冒的时候多吃补品可以增强抵抗力，这种观点是不对的。感冒期间，准妈妈通常胃口不佳，少吃一些也没关系，但不宜强迫自己进食，特别是大补的食物。另外，大补的食物在感冒期间食用，不但无益于提高抵抗力，反而导致"虚不受补"。

感冒了喝鸡汤，能有效增强抵抗力，鸡汤中的消炎成分能抑制呼吸道炎症，对感冒引起的鼻塞也有很好的缓解效果。

不同感冒，区别对待

如果症状较轻，一般不会对胎宝宝产生影响，准妈妈不必服药，多饮水，休息几天就会好。如果发热或症状较重，那就要及时治疗了。此外，在孕早期，准妈妈会出现疲劳嗜睡、头晕头疼等类似感冒症状的早孕反应，要注意不能当作感冒来治。

孕早期尽量不用感冒药

孕早期，也就是妊娠12周以前，是胎宝宝细胞分裂最快的阶段，原则上是禁止用药的。准妈妈可以在医生的指导下，采取非药物疗法进行治疗。在妊娠12周以后直至分娩，胎宝宝各器官已形成，药物对胎宝宝的影响会减小，准妈妈可以在医生的指导下用感冒药。

遵医嘱使用的感冒药

准妈妈感冒后是否用药要权衡利弊，并在医生指导下用药。比如38℃以上的高热本身就会对胎宝宝有害，如果及早用药，对胎宝宝的伤害可能会降到最小。治疗感冒的常用药中，双黄连、柴胡冲剂、抗病毒口服液，准妈妈都可以使用，但感冒通、新康泰克等解热镇痛剂是被禁止的。在抗生素中，只有头孢、青霉素和红霉素、罗红霉素等是相对安全的，准妈妈可以在医生的指导下谨慎服用。

营养食谱

菜品 素炒豌豆苗

豌豆苗含有丰富的维生素，常吃能有效增强准妈妈的体质，对防治感冒很有帮助。豌豆苗用来清炒、烧汤都是不错的选择。

原料： 豌豆苗400克，高汤、白糖、盐、植物油各适量。

做法： ❶将豌豆苗择洗干净，沥水。❷油锅烧热，放入豌豆苗，迅速翻炒，再放盐、白糖，加入高汤，翻炒至熟即可。

关键营养素： 多种维生素	
每日建议摄取量： 维生素A900微克，维生素C130毫克，维生素E14毫克	
补充理由： 多种维生素均衡摄取，能增强机体抵抗力	
主要食物来源： 豌豆苗、猕猴桃、西蓝花、胡萝卜、谷类等	

5

主食 五彩馄饨

紫菜富含钙、磷、铁和多种氨基酸，虾仁是优质蛋白的来源。这碗五彩馄饨颜色多样，味鲜可口，很适合作为感冒期间准妈妈的早餐。

原料： 馄饨皮15个，猪肉200克，虾仁、蛋皮丝、紫菜、高汤、葱花、盐各适量。

做法： ❶猪肉洗净，剁碎，放入盆内，加盐搅拌，再加水调成馅，包成馄饨。❷锅中加入高汤烧沸，下馄饨。❸烧沸后放入盐、虾仁、蛋皮丝、紫菜煮熟，撒上葱花即可。

关键营养素： 钙	
每日建议摄取量： 孕早期800毫克，孕中期1000毫克，孕晚期1200毫克	
补充理由： 充足的钙能保持准妈妈心血管的健康，增强体质	
主要食物来源： 海产品、豆制品、奶制品等	

15

主食 西红柿面疙瘩

西红柿含有丰富的维生素C，能够帮助感冒的准妈妈增强抵抗力，使感冒尽快好起来；而且西红柿酸甜爽口，能提高准妈妈食欲。

原料： 西红柿1个，鸡蛋1个，面粉约150克，盐、植物油各适量。

做法： ❶面粉中边加水边用筷子搅拌成面疙瘩；鸡蛋打散搅匀；西红柿洗净，切小块。❷油锅烧热，倒入鸡蛋液炒散，加水煮开，倒入西红柿块。❸将面疙瘩慢慢倒入西红柿鸡蛋汤中煮3分钟，放盐即可。

关键营养素： 维生素C	
每日建议摄取量： 130毫克	
补充理由： 怀孕吃西红柿，补维生素C，可以增强准妈妈的抵抗力，有助于防治感冒	
主要食物来源： 西红柿、柳橙、猕猴桃、甜椒等	

15

菜品 鸭肉白菜

鸭肉有滋阴养胃、利水消肿、止咳化痰等作用。准妈妈在感冒期间常会体质虚弱、食欲不佳，这时候十分适合吃鸭肉。

原料： 鸭肉250克，白菜300克，料酒、姜片、葱花、盐各适量。

做法： ❶将鸭肉洗净，切块；白菜择洗干净，切段。❷将鸭块放入锅内，加水煮沸，撇去血沫，加入料酒、姜片，用小火炖至八分烂时，将白菜倒入，一起煮熟，加入盐、葱花调味即可。

关键营养素：蛋白质
每日建议摄取量：孕早期70~75克，孕中期80~85克，孕晚期85~100克
补充理由：帮助准妈妈保持充沛的精力，缓解疲劳，增强抵抗力，防治感冒
主要食物来源：鸭肉、乳类、蛋类、豆制品、虾、鱼等

40

粥 香菇蛋花粥

蛋黄含有丰富的铁，是准妈妈补铁的常备食物。香菇含有丰富的B族维生素和铁、钾等营养素，有助于提高准妈妈的抵抗力。

原料： 大米80克，干香菇3朵，鸡蛋2个，虾米、植物油各适量。

做法： ❶干香菇泡发，去蒂，切片；鸡蛋打成蛋液；大米洗净。❷油锅烧热，放入香菇片、虾米，炒至熟，盛出。❸将大米放入锅内，加入适量水，大火煮至半熟，倒入炒好的香菇、虾米，煮熟后淋入蛋液即可。

关键营养素：铁
每日建议摄取量：孕早期15~20毫克，孕中晚期20~30毫克
补充理由：补铁能预防贫血，对准妈妈增强抵抗力有一定的帮助
主要食物来源：鸡蛋、牛肉、菠菜、黑木耳等

30

饮品 生姜葱白红糖汤

生姜不仅是调味品，还是一味常见的中药，能发散风寒，常用来治轻度感冒。用生姜煎汤，再加红糖趁热服用，是常见的服用方式。

原料： 生姜10克，葱白1节，红糖适量。

做法： ❶生姜切片，葱白切段，同放入锅中，加水煎煮。❷烧开后，调入红糖，再小火煮5分钟即可。

关键营养素：碳水化合物
每日建议摄取量：孕期不低于150克
补充理由：为准妈妈和胎宝宝提供能量，维持心脏和神经系统的正常运行
主要食物来源：红糖、大米、小米、面食、新鲜水果等

15

腹泻了来碗小米粥

可能是吃了不干净的食物或者其他缘故，拉肚子把你折腾得疲惫不堪。这时候虽然不能吃止泻药，但可以吃一些补脾止泻的食物。

腹泻的原因主要与体内激素水平的变化，胃排空时间延长，小肠蠕动减弱有关，因此极易受外界因素的影响。细菌、病毒经消化道感染导致腹泻是最常见的原因；食物中毒或其他部位的病毒感染也可能引起腹泻；误食生冷食物、过敏食物也是导致腹泻的重要原因。此外，晚上睡觉着凉也会导致腹泻。

腹泻时适合吃莲子糯米粥。 莲子有补脾止泻的功效，糯米富含的淀粉为支链淀粉，在肠胃中难以消化水解，可以缓解腹泻症状。

营养要点

准妈妈出现腹泻后，应该多喝水，以补充流失的水分和电解质，尤其是钾离子。在饮食上要清淡，宜吃山药、莲子、糯米、胡萝卜、苹果等食物，不宜吃过甜、生冷，富含膳食纤维或辛辣刺激的食物，以及黄豆、萝卜、红薯、卷心菜等容易产气的食物。

重点补充：蛋白质

蛋白质对准妈妈的身体机能十分重要，直接参与了体内各种酶的催化、激素的生理调节、血红蛋白的运载，还能增强抗体的抵抗力。充足的蛋白质摄入还有助于缓解腹泻症状，瘦肉、鱼、鸡蛋、豆制品等都是准妈妈不错的选择。

逐渐增加蛋白质的摄入量

准妈妈在孕期增加的体重中，蛋白质占到约1000克，其中一半贮存在胎宝宝体内。孕期蛋白质的贮存量是随着孕周的增加而逐渐增加的，在孕期的第一个月里，每日仅需贮存0.68克，到了孕晚期每日需要贮存6~8克，才能满足胎宝宝快速发育的需要。因此，孕早期蛋白质的需求量每日70~75克，比孕前多15克；孕中期每日80~85克；孕晚期是胎宝宝大脑生长发育最快的时期，蛋白质则要增加到每日85~100克。不过，补充蛋白质虽然很重要，但补充过量也不利于准妈妈和胎宝宝的健康。

动物蛋白、植物蛋白搭配食用，提高吸收率

人体对蛋白质的需求不仅是在量上，还体现在蛋白质中所含的必需氨基酸的种类和比例上。由于动物蛋白所含的氨基酸种类和比例比较符合人体的需要，所以营养价值比植物蛋白高一些。米、面中的蛋白质缺少赖氨酸，豆类中的蛋白质缺少蛋氨酸和胱氨酸。所以准妈妈合理的饮食应该是把动物蛋白和植物蛋白搭配摄取，才能有效提高蛋白质的吸收率。

减少膳食纤维的摄入

膳食纤维有促进胃肠蠕动、加快食物消化的作用，常被用来防治便秘。准妈妈出现腹泻后，如果还摄入富含膳食纤维的谷物、绿叶蔬菜和根茎类等食物，就会进一步促进肠蠕动，加重腹泻症状，所以应该减少膳食纤维的摄入。

忌食高脂肪食物

有些准妈妈被腹泻折腾得疲惫体虚，为了补充体能，就会选择一些高脂肪的食物，这其实是不对的。补充体能没有错，但应该选择富含蛋白质和碳水化合物的食物。高脂肪的食物会加重肠胃负担，而且油脂的润滑通便作用还可加重腹泻。

尽量不用药

如果腹泻不是很严重，准妈妈可以多喝水，及时补充因腹泻丢失的水分和电解质，注意休息和清淡饮食即可。还可以在医生指导下服用整肠生等微生态制剂，调整肠道菌群。准妈妈可以不吃药时，就尽量不要吃药，尤其在孕早期，抗生素和抗原虫药物，还有其他药物，如四环素类、磺胺类等，都对胎宝宝有所影响，都不应该使用。

大便次数多时，可以使用思密达等肠道黏膜保护剂，具有吸附致病菌和止泻抗菌的双重作用。不过，即使是这些被认为对准妈妈没有伤害的药物，服用时也要在医生的指导下进行。

防止受凉

受凉也是腹泻常见的诱因之一。除了晚上睡觉时受凉外，准妈妈夏天长时间待在空调房或空调车里，也可能会导致受凉。因此在天气多变、昼夜温差大时，准妈妈要注重保暖，防止夜间着凉，夏天也不要长时间吹空调。

警惕流产或早产

频繁、剧烈的腹泻，既不利于准妈妈对于营养物质的吸收，还有可能会引发子宫收缩，导致流产、早产。因此，准妈妈一旦发生腹泻，在适当补充流失的水分和电解质的同时，要留心观察胎宝宝的状况。如果腹泻持续时间超过48小时，并且开始出现严重脱水，或伴有高热，应该尽快去医院就诊。

出现腹泻时要多喝水， 因为腹泻会带走准妈妈体内大量的水分和电解质，特别是钾离子，可以在水中加少量钾盐。

营养问答

腹泻时，哪些水果宜吃，哪些不宜吃

腹泻时可以吃些水果辅助治疗，但不是所有的水果都适合腹泻时吃。苹果、石榴等可以吃，苹果对治疗便秘或者腹泻都有好处，把苹果连皮带核切成小块，放在水中煮3~5分钟，待温后食用，但不宜加糖。不宜吃梨、猕猴桃、西瓜、香蕉等性凉、有利水通便作用的水果。

腹泻时为什么适合吃糯米

遇到腹泻时，医生会建议准妈妈吃些糯米饭、糯米粥。这是因为糯米是一种温和的食物，有补虚、补血、健脾暖胃、止汗等作用。糯米富含的淀粉为支链淀粉，在肠胃中难以消化水解，可以用来缓解腹泻症状。适用于脾胃虚寒所致的食欲不佳、腹泻和气虚引起的汗虚、气短无力、腰腹坠胀等症。

抗生素对胎宝宝有哪些危害

常用的氨基苷类、磺胺类、喹诺酮类及四环素类、甲硝唑、病毒唑等抗生素和抗原虫药物，虽然对感染性腹泻有很明显的疗效，但对胎宝宝有潜在的致畸作用，而且准妈妈也会有不良反应。因此，准妈妈腹泻时，尽量选用青霉素类进行抗感染治疗。也可以在医生指导下服用丽珠肠乐、整肠生、金双歧等微生态制剂，从内部调节肠道菌群。

营养食谱

菜品 土豆炖牛肉

牛肉中富含铁质，有补血功效；含有的维生素 B_6 和锌，能够增强准妈妈的抵抗力，促进蛋白质的新陈代谢和合成。

原料：牛肉300克，土豆200克，盐、葱段、姜片、料酒、植物油各适量。

做法： ❶将牛肉洗净，切块；土豆洗净，去皮，切块。❷油锅烧热，放入葱段、姜片、牛肉块炒香，加盐略炒，加开水，大火烧开，撇去浮沫。❸改用小火焖至牛肉快烂时，加土豆块、料酒，继续焖至牛肉软烂即可。

关键营养素：铁	
每日建议摄取量：孕早期15~20毫克，孕中晚期20~30毫克	
补充理由：为造血和脾脏发育提供铁	
主要食物来源：牛肉、红枣、菠菜、黑木耳等	

粥 红枣小米粥

小米的营养价值很高，含有蛋白质、脂肪及维生素等营养成分，可温补脾胃，能缓解准妈妈的腹泻症状，补充水分。

原料：小米100克，花生仁15粒，红枣6颗。

做法： ❶小米、花生仁洗净；红枣洗净，去核。❷小米、花生仁、红枣一同放入锅中，加水以大火煮开，转小火将小米、花生仁煮至完全熟透后即可。

关键营养素：碳水化合物	
每日建议摄取量：孕期不低于150克	
补充理由：感冒时补充充足的能量，有助于提高抵抗力	
主要食物来源：小米、糯米、面食、新鲜水果等	

汤 蛋黄莲子汤

莲子能补脾止泻；蛋黄含有丰富的卵磷脂，能让胎宝宝更聪明。这款汤很适合腹泻的准妈妈食用。

原料：莲子10颗，鸡蛋1个，冰糖适量。

做法： ❶莲子洗净加水煮，大火煮沸后转小火煮约20分钟，加冰糖调味。❷鸡蛋洗净，煮熟去壳，取蛋黄放入莲子汤中，略煮即可。

关键营养素：卵磷脂	
每日建议摄取量：500毫克	
补充理由：充足的卵磷脂可使准妈妈思维敏捷、注意力集中、记忆力增强	
主要食物来源：鸡蛋、大豆、谷类、玉米油等	

30

30

25

菜品 爆炒鸡肉

鸡肉中蛋白质的含量比例较高，种类多，而且易消化，很容易被人体吸收利用，适合脾虚腹泻的准妈妈食用。

原料：鸡脯肉150克，胡萝卜半根，土豆半个，干香菇2朵，盐、料酒、水淀粉各适量。

做法：❶胡萝卜、土豆去皮洗净，切丁；干香菇泡发，切块；鸡脯肉切丁，用盐、料酒、水淀粉腌10分钟。❷油锅烧热，放入鸡肉丁翻炒，再将胡萝卜丁、土豆丁、香菇丁放入，加水，放盐，小火慢炖至土豆绵软。

关键营养素：蛋白质
每日建议摄取量：孕早期70~75克，孕中期80~85克，孕晚期85~100克
补充理由：有助于增强抵抗力
主要食物来源：鸡肉、乳类、蛋类、豆制品、虾、鱼等

15

主食 香菇糯米饭

糯米不仅能补充充足的热量，而且有补中益气、止泻的作用。此外，每100克糯米中含锌54毫克，也是准妈妈补锌的好选择。

原料：糯米100克，猪肉100克，鲜香菇6朵，姜末、虾米、盐、料酒、植物油各适量。

做法：❶糯米洗净，浸泡；猪肉、鲜香菇均洗净，切丝；虾米泡软。❷在电饭煲中倒油，油热后入姜末、猪肉丝，略炒至变色，放虾米、香菇丝、料酒、盐，然后把泡好的糯米倒入，加入水，蒸熟即可。

关键营养素：锌
每日建议摄取量：20毫克
补充理由：孕晚期补锌，能促进子宫肌肉收缩，有助于胎宝宝顺利分娩
主要食物来源：糯米、全谷类、牛肉、虾、花生、苹果

30

饮品 柳橙胡萝卜汁

胡萝卜所含的果胶能使大便成形，是良好的止泻蔬菜；柳橙富含的维生素C有助于增强抵抗力，适合腹泻的准妈妈饮用。

原料：柳橙2个，胡萝卜1根。
做法：❶柳橙洗净，去皮切块；胡萝卜洗净，去皮切块。❷将胡萝卜和柳橙一同放入榨汁机，榨汁即可。

关键营养素：维生素C
每日建议摄取量：130毫克
补充理由：维生素C能增强准妈妈的抵抗力，有助于缓解腹泻症状
主要食物来源：柳橙、苹果、甜椒、西蓝花等

3

孕期便秘不要怕，多吃粗粮可缓解

准妈妈能坚强面对剧烈的妊娠反应，却对孕期便秘束手无策！在厕所酝酿半天，还是无功而返。便秘了该怎么办呢？多吃粗粮有帮助。

怀孕后，胃酸分泌的减少会导致胃肠道平滑肌张力降低，而黄体酮的大量分泌也会造成肠道肌肉松弛，肠蠕动减慢，因此很容易便秘。如果准妈妈平时大量进食高蛋白、高脂肪食物，而忽视蔬菜的摄入，加上运动量小，就会加重便秘。到了孕晚期，日益增大的子宫逐渐压迫直肠，便秘症状也会加重。

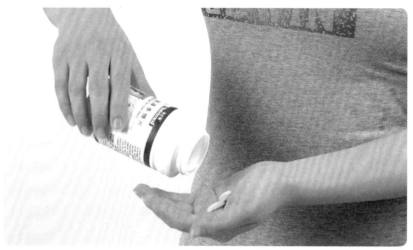

便秘时就不要服用钙剂了，口服钙剂在肠道只有一小部分能被吸收，剩余的钙容易在肠道与植酸、草酸、脂肪等结合，会加重便秘症状。

营养要点

孕期注意预防便秘是最好的，而一旦出现便秘，准妈妈就要及时调整饮食结构，纠正不合理的饮食习惯。平时多喝水，减少高蛋白、高脂肪食物的食用量，同时增加膳食纤维的摄入，以促进肠蠕动，软化大便。膳食纤维主要存在于全谷类、根茎类、果蔬、豆类、菌类等食物中。

重点补充：膳食纤维

膳食纤维能够刺激消化液分泌，促进肠蠕动，是易患便秘的准妈妈解除难言之隐的理想帮手。膳食纤维的摄入量不足，会导致内分泌失调，甚至诱发高脂血、高血压、心脏病等疾病，间接使准妈妈体重超重，引发妊娠合并症。

便秘时尽量避免服用钙剂

钙是准妈妈孕期重点补充的营养素，但是在便秘期，准妈妈不宜服用钙剂补钙。口服钙剂进入胃肠道，吸收率通常只有30%~40%，最高也不会超过60%，大多数钙元素最终通过粪便排出体外。钙剂容易与肠道的食物残渣如植酸、草酸、磷酸、脂肪相结合，会使大便变得干结。一次补的钙量越多，吸收率就越低，也会引起不同程度的便秘。所以准妈妈要选择适当的钙剂和方法补钙，提高钙的吸收率，也可以避免诱发便秘。

补充维生素 B_1

维生素 B_1 不但对神经组织和精神状态有积极的影响，还参与糖的代谢，对维持胃肠道的正常蠕动、消化腺的分泌、心脏及肌肉等的正常功能起重要作用。所以，便秘的准妈妈除了多摄取膳食纤维外，还要注重摄取足够的维生素 B_1。维生素 B_1 在谷物类、豆类、坚果类、蜂蜜、鸡蛋等食物中的含量比较丰富，尤其在谷物类的表皮部分含量更高，这些食物适合便秘的准妈妈吃。

吃点粗粮

糙米、小米、玉米、高粱等粗粮，由于是粗加工，所以膳食纤维、维生素、矿物质等营养素都保存得比较完整。准妈妈经常用粗粮代替细粮，营养素的摄取会更全面。如果是在便秘期食用，还有助于增加胃肠道蠕动，加快食物消化，缓解便秘症状。

多喝水

准妈妈要勤喝水，不要等口渴了才想起来喝水，特别是在便秘的时候。准妈妈每日应该补充1500毫升左右的水，相当于6~8杯的量，同时还要掌握喝水的技巧。比如每日在固定的时间内喝水，并且大口地喝，但不是暴饮。这样的喝水方法能让水分快速到达结肠，能使粪便变得松软，容易排出体外。

酸奶代替牛奶

酸奶中含有鲜牛奶没有的醋酸、乳酸等有机酸，能够刺激胃分泌，清理肠道，抑制有害细菌的滋生。酸奶中的益生菌有助于改善准妈妈肠道里菌群的生态平衡。而且酸奶在制作过程中，发酵能使奶质中的糖、蛋白质、脂肪被分解成为小分子，更容易消化吸收。所以便秘的准妈妈可以将每日喝的牛奶换成酸奶，不仅能换个口味，而且有助于缓解便秘。

早晨定时排便

准妈妈要养成早上起来或早餐之后定时排便的习惯。早餐后，结肠推进活动较为活跃，有利于启动排便，早餐后一小时左右是最佳的排便时间。有便意时一定要及时排便，不要忽视，更不要憋着。准妈妈排便的时间不宜过长，否则容易导致腹压升高，给下肢血液回流带来困难。

动一动，消化好了，便秘也少了

缺乏运动或长时间不活动，会导致便秘情况变得更严重。所以准妈妈平时要适当运动，不仅能缓解便秘症状，还有助于精神放松、心情愉快、提高睡眠质量。散步是最适合准妈妈的运动之一，可以由准爸爸陪着，每天散步半小时。

孕妇奶粉建议每天喝1~2杯，要按照说明冲泡，特别是便秘的准妈妈，既不能冲泡得浓，又不能喝太多。

喝孕妇奶粉总便秘怎么办

准妈妈在喝孕妇奶粉的同时，可以进食一定量的富含膳食纤维的果蔬和粗粮。有的准妈妈喜欢把奶粉冲泡得浓一些，觉得喝起来更香甜浓郁，这不仅不利于营养的吸收，还容易引发便秘，所以孕妇奶粉还是要按照说明来冲泡。而且也不要喝太多，一天一到两杯就够了，孕妇奶粉富含钙和蛋白质，会加重便秘。

便秘对胎宝宝有影响吗

便秘会阻碍准妈妈将体内囤积的毒素排出，久而久之会引起内分泌失调、营养不良、贫血等症状，危及准妈妈的身体健康和胎宝宝的健康发育。便秘的准妈妈常常会精神萎靡，面色枯黄，气色变差。而且粪便在肠道积存会挤压胎宝宝的生长空间，影响胎宝宝的发育。严重时可导致肠梗阻，引起直肠脱垂，并发早产，危及母子平安。

便秘会增加分娩困难吗

越到孕晚期，有的准妈妈便秘会越严重，排泄物堆积在肠道中，会让准妈妈感到腹痛、腹胀。此外，便秘还会增加分娩的困难，排便困难的准妈妈在分娩时，会受到肠道堆积物的阻碍，从而延长分娩的时间，加重分娩过程的痛苦。

营养食谱

菜品 凉拌空心菜

空心菜中的膳食纤维极为丰富，能促进肠蠕动，加速排泄。焯熟的空心菜凉拌后，口味清爽，还能提高准妈妈的食欲。

原料： 空心菜400克，蒜末、盐、香油各适量。

做法： ❶空心菜择洗干净，切段，入沸水焯熟。❷蒜末、盐与少量水调匀后，滴入香油，与空心菜拌匀即可。

关键营养素：膳食纤维
每日建议摄取量：20~30克
补充理由：适量的膳食纤维有助于胃肠蠕动，促进食物消化，防治便秘
主要食物来源：空心菜、红薯、芹菜、苹果

5

粥 丝瓜虾仁糙米粥

大米中大量的B族维生素都在外层组织中。所以便秘的准妈妈可以吃些糙米等粗加工的全谷类食物。

原料： 丝瓜半根，虾仁4个，糙米80克，盐适量。

做法： ❶将糙米淘洗后加水浸泡约1小时；虾仁洗净。❷将虾仁、糙米一同放入锅内，加入适量水，用中火煮成粥。❸丝瓜洗净，去皮，切小丁，放入粥内稍煮，加盐调味。

关键营养素：维生素B_1
每日建议摄取量：1.5毫克
补充理由：维生素B_1有助于维持胃肠道的正常蠕动和消化腺的分泌
主要食物来源：糙米、大米、小米、小麦、新鲜水果

30

主食 炒红薯泥

红薯是准妈妈缓解便秘的理想食物，所含的膳食纤维相当于米面的10倍，能加快胃肠道蠕动，有助于清理消化道和排便。

原料： 红薯300克，白糖、植物油各适量。

做法： ❶红薯洗净，上锅蒸熟后，趁热去皮，捣成红薯泥，加入白糖。❷油锅烧热，倒入红薯泥，快速翻炒，以防止粘锅，待红薯泥翻炒至变色后即可。

关键营养素：碳水化合物
每日建议摄取量：不低于150克
补充理由：为准妈妈和胎宝宝提供能量；维持心脏和神经系统的正常运行
主要食物来源：红薯、糯米、小米、面食等

30

汤 芦笋口蘑汤

芦笋所含多种维生素和微量元素的质量优于普通蔬菜。蘑菇能将多余的胆固醇、糖分吸附后排出体外，对预防便秘十分有效。

原料： 芦笋4根，口蘑10朵，红椒1个，葱花、盐、植物油各适量。

做法： ❶将芦笋洗净，切成段；口蘑洗净，切片；红椒洗净，切菱形片。❷油锅烧热，下葱花煸香，放芦笋、口蘑、红椒略炒，加适量水煮5分钟，再放入盐调味。

关键营养素：多种维生素
每日建议摄取量： 维生素A900微克，维生素C130毫克
补充理由： 有助于顺利分娩
主要食物来源： 芦笋、口蘑、猕猴桃、西蓝花、胡萝卜

15

主食 南瓜饼

南瓜中的果胶可以保护胃肠道黏膜，免受粗糙食物刺激。南瓜还能加强胃肠蠕动，帮助食物消化，很适合作为孕早期准妈妈的早餐。

原料： 南瓜250克，糯米粉200克，白糖、豆沙各适量。

做法： ❶南瓜去皮、去子，洗净切块，上锅蒸熟，捣成南瓜泥，加入糯米粉、白糖和适量水，和成面团。❷面团分成小份，包入豆沙馅成饼胚，上锅蒸10分钟即可。

关键营养素：B族维生素
每日建议摄取量： 维生素$B_1$1.5毫克，维生素$B_2$1.7毫克
补充理由： B族维生素推动体内代谢
主要食物来源： 南瓜、小米、牛奶、鸡蛋、鱼肉

20

饮品 牛奶水果饮

猕猴桃不仅富含维生素C，而且富含膳食纤维；玉米同样富含维生素和膳食纤维。这道牛奶水果饮，是便秘准妈妈的好选择。

原料： 牛奶1袋(250毫升)，鲜玉米粒、葡萄、猕猴桃块、水淀粉、蜂蜜各适量。

做法： ❶把牛奶倒入锅中，然后开火，放入玉米粒，边搅动边放入水淀粉，调至黏稠度合适。❷放入葡萄、猕猴桃块，滴几滴蜂蜜即可。

关键营养素：维生素C
每日建议摄取量： 130毫克
补充理由： 维生素C有助于维持组织细胞正常的能量代谢，增强抵抗力
主要食物来源： 芒果、猕猴桃、甜椒、西蓝花等

5

妊娠期糖尿病首先控制饮食

妊娠期糖尿病的早期症状很轻微，很难察觉到，所以要从日常的饮食着手预防。即使查出了妊娠期糖尿病，只要控制得好，也不会危害准妈妈和胎宝宝的健康。

准妈妈的糖尿病有两种，一种是孕前已经患有糖尿病，怀孕后糖尿病继续存在，称为"妊娠合并糖尿病"；另一种是怀孕期间的血糖代谢异常才导致的临时性糖尿病，称为"妊娠期糖尿病"。虽然大多数妊娠期糖尿病会在分娩后恢复正常，但准妈妈在孕期也要加强监测和控制，饮食更要注重控制热量。

准妈妈在孕期不要吃太多冰糖。冰糖是极易被吸收的单糖，食用后血糖水平会明显升高，准妈妈一旦检查出妊娠期糖尿病，就更要严格控制冰糖的摄入。

营养要点

得了妊娠期糖尿病，准妈妈要认真计算每餐饮食摄入的总热量。到了孕中晚期，每日按照每千克体重约104~146千焦（25~35千卡）的标准补充热量，并根据血糖、尿糖等指数的变化及时调整饮食。

重点关注：碳水化合物

碳水化合物是准妈妈补充热量的最主要的来源之一，但同时又与妊娠期糖尿病密切相关，所以准妈妈一旦检查出妊娠期糖尿病，就要严格控制容易被吸收的蔗糖、砂糖、果糖、葡萄糖、冰糖等的摄入量，最好选择糙米或五谷杂粮等富含膳食纤维的食物。

控制饮食最关键

患有妊娠期糖尿病的准妈妈，大多数能在产后恢复正常糖代谢功能。但如果在孕期不加控制的话，就会给准妈妈和胎宝宝带来很大危害，而且将来患糖尿病的风险会大大增加。所以一旦发现患有妊娠期糖尿病，就应该及早采取措施。

妊娠期糖尿病的治疗一般先考虑饮食控制，若合理饮食与适当运动无法控制，才考虑使用胰岛素进行药物治疗，但控制饮食也要同时进行。不过也不能过分控制饮食，否则会导致准妈妈热量和营养素摄入不足，影响胎宝宝的生长发育。

维生素 C 有助于降血糖

最新的研究表明，维生素C可以促进胰岛素的分泌，提高组织对胰岛素的敏感性，从而使血糖下降。维生素C不仅能降低血糖，还能降低总胆固醇及甘油三酯，改善脂质代谢紊乱，预防心脑肾血管病变及周围神经病变的发生。

因此，患有糖尿病的准妈妈在使用常规降糖药物治疗的同时，应及早在医生指导下补充足量的维生素C。

补硒助降糖

硒不仅能促进胎宝宝心血管和大脑的发育，还能够促进体内葡萄糖的运转，防止胰岛B细胞被氧化破坏，保障其功能的正常，促进糖的分解代谢，降低血糖和尿糖，所以准妈妈降糖不要忘了补硒。

蛋白质的摄入要充足

一般来说，患有妊娠期糖尿病的准妈妈每日的蛋白质摄入量要比正常准妈妈多一些。因为随着血糖的升高，准妈妈体内的蛋白质分解会增加，容易发生氮失衡。准妈妈可以适当多吃一些鸡蛋、牛奶、瘦肉、鱼类和豆制品等。

膳食纤维不可少

膳食纤维具有很好的降糖效果。水果中的果胶能够延缓葡萄糖的吸收，使饭后血糖及血清胰岛素水平下降，但高糖分的水果，如荔枝、甘蔗、香蕉等尽量少吃或不吃，可以吃一些柚子、猕猴桃、草莓、青苹果等糖分相对较低的水果。富含膳食纤维的绿叶蔬菜、海藻、豆类和粗粮也可以适当多吃。

少食多餐

一次进食大量的食物，会造成血糖快速上升；而空腹太久，就会使血糖降低。血糖偏高的准妈妈，少食多餐就成了最好的解决方法。准妈妈在正餐吃七分饱就可以了，然后在两次正餐之间适量加餐。

症状严重，遵医嘱使用胰岛素

如果即使调整了饮食也无法控制糖尿病时，就应该用胰岛素进行药物治疗，以控制血糖水平。在孕期的不同阶段，准妈妈身体对胰岛素的需求量不同，孕32~36周胰岛素用量达最高峰，36周以后胰岛素用量稍下降，特别在夜间。

定期做血糖检查

一旦检查出了妊娠期糖尿病，无论症状是否严重，准妈妈都要定期做血糖检查。孕晚期的血糖检查要每周做一次，并根据血糖的变化及时调整饮食。血糖的正常值在空腹时是不超过7.8毫摩尔/升，餐后1小时不超过10毫摩尔/升，餐后2小时不超过8.5毫摩尔/升。

吃糖分较低的苹果，其中的膳食纤维有很好的降糖效果，果胶能延缓葡萄糖的吸收，对控制血糖很有帮助。

📖 营养问答

都说吃苦瓜有助于降糖，是真的吗

是的，苦瓜具有很好的降血糖降血脂作用，能有效防治妊娠期高血压病和妊娠期糖尿病。而且苦瓜的苦味还可以起到刺激唾液及胃液分泌、促进胃肠蠕动的作用，对于改善准妈妈的消化吸收、增进食欲等都有好处。

检查出了妊娠期糖尿病，还能吃山药吗

山药富含的黏液蛋白、木糖醇，可以帮助准妈妈控制血糖、降血脂、提高抵抗力，因此山药是患有妊娠期糖尿病的准妈妈理想的食疗佳品。而且山药中的淀粉酶、多酚氧化酶等物质，有利于脾胃的消化吸收。吃山药还能增加饱腹感，可以用山药替代一部分主食的摄入。

生完孩子，妊娠期糖尿病就消失了吗

妊娠期糖尿病是一种代谢疾病，只要饮食得当，血糖是可以控制的，大多数在分娩后就能恢复正常。如不能恢复正常，需要继续治疗。值得注意的是，患有妊娠期糖尿病的准妈妈，即使在分娩后血糖能恢复正常，但将来患上2型糖尿病的概率也会大大增加，同时胎宝宝未来患糖尿病的概率也会增加，所以更要在饮食上做好预防。

营养食谱

菜品 冬笋冬菇扒油菜

冬笋、冬菇和油菜都富含膳食纤维，不仅能促进食物消化，防治便秘，还有很好的降血糖、降胆固醇的效果。

原料： 油菜2棵，冬笋1根，冬菇4朵，葱花、盐、植物油各适量。

做法： ❶将油菜去掉老叶，清洗干净掰开；冬菇洗净切片；冬笋洗净切片，放入沸水中焯水；❷油锅烧热，放入葱花、冬笋片、冬菇片煸炒后，倒入少量水，再放入油菜、盐，用大火炒熟即可。

关键营养素：膳食纤维
每日建议摄取量：20~30克
补充理由：适量的膳食纤维能促进食物消化，防治便秘，还有显著的降糖功效
主要食物来源：冬笋、油菜、全谷类、水果

10

汤 西红柿炖豆腐

患糖尿病的准妈妈要控制碳水化合物的摄入，但是蛋白质的摄入不能少。豆制品是优质蛋白质的主要来源之一。

原料： 西红柿1个，豆腐1块，盐、植物油各适量。

做法： ❶将西红柿洗净切片；锅中放油烧热后，西红柿下锅煸炒，炒出汁。❷豆腐切块，放到西红柿汁中，加适量水、盐，大火煮开，改小火慢炖20分钟即可。

关键营养素：蛋白质
每日建议摄取量：孕早期70~75克，孕中期80~85克，孕晚期85~100克
补充理由：帮助准妈妈保持充沛的精力，增强抵抗力
主要食物来源：豆制品、乳类、蛋类、虾、鱼等

25

菜品 鲜虾芦笋

虾是优质蛋白的重要来源，还富含锌、钙、磷、硒等矿物质营养素；芦笋有降低空腹血糖和改善糖耐量的作用。

原料： 虾10只，芦笋300克，高汤、姜片、盐、干淀粉、蚝油、植物油各适量。

做法： ❶虾去头，去壳，挑去虾线，洗净后用盐、干淀粉腌制。❷芦笋择洗干净，切长条，汆烫，捞出装盘。❸油锅烧热，用中火炸熟虾仁，捞起滤油；用锅中余油爆香姜片，加入虾仁、高汤、盐、蚝油拌匀，浇在芦笋上即可。

关键营养素：硒
每日建议摄取量：50微克
补充理由：能预防妊娠期糖尿病、妊娠期高血压综合征，保护胎宝宝心血管和大脑的发育
主要食物来源：虾、鱼、海蜇皮、鸡蛋、牛肉

10

菜品 **五香鲤鱼**

鲤鱼肉中富含不饱和脂肪酸，患有糖尿病的准妈妈在减少碳水化合物摄取量的同时，可以适当增加不饱和脂肪酸的摄入。

原料： 鲤鱼1条，盐、料酒、香菜叶、姜片、五香粉、白糖、植物油各适量。

做法： ❶将鲤鱼处理干净，洗净切块，摆放于盘内，放入盐、料酒腌制。❷油锅烧热，放入鱼块炸至棕黄色时，捞出鱼块。❸另起油锅，放入姜片略煎，倒入炸好的鱼块，加水漫过鱼面，再加白糖、料酒，大火煮沸后改小火煮，再用大火收汁，撒上五香粉、香菜叶即可。

关键营养素： 脂肪	
每日建议摄取量： 60克	
补充理由： 替代碳水化合物为准妈妈提供热量，有益于胎宝宝大脑的发育	
主要食物来源： 鱼、植物油、坚果、蘑菇	

15

主食 **豆角焖米饭**

豆角含有丰富的蛋白质、维生素B_1、维生素B_2等营养素，能促进蛋白质、碳水化合物、脂肪酸的合成与代谢。

原料： 米饭100克，豆角6个，盐、植物油各适量。

做法： ❶大米洗净；豆角择洗干净，切丁，放在油锅里略炒一下。❷将豆角丁、大米放在电饭煲里，加入比焖米饭时稍少一点的水焖熟；可根据个人口味适当加盐调味。

关键营养素： B族维生素	
每日建议摄取量： 维生素$B_1$1.5毫克，维生素$B_2$1.7毫克	
补充理由： 促进蛋白质、碳水化合物转化为热量	
主要食物来源： 豆角、玉米、小米、牛奶、鸡蛋、鱼肉	

35

饮品 **猕猴桃芹菜饮**

猕猴桃富含维生素C，可以促进胰岛素的分泌，提高组织对胰岛素的敏感性，从而使血糖下降。芹菜富含的膳食纤维有助于降血糖。

原料： 猕猴桃1个，芹菜1棵。

做法： ❶将猕猴桃切成两半，挖出中间的果肉；芹菜洗净，切段。❷将猕猴桃果肉、芹菜放入榨汁机中榨汁即可。

关键营养素： 维生素C	
每日建议摄取量： 130毫克	
补充理由： 补充维生素C不但能增强准妈妈的抵抗力，还有助于降血糖	
主要食物来源： 猕猴桃、草莓、甜椒、西红柿等	

5

吃对食物助睡眠

晚上怎么也睡不着，就是睡着了也很容易醒，这会让你很苦恼。而且晚上睡不好，白天整个人就显得很憔悴。有什么方法能帮助睡眠呢？

准妈妈受孕激素的影响，孕期神经会特别敏感，一件小事也会使她的情绪波动很大，对压力的承受能力降低，再加上对胎宝宝的担心，因此常常会有抑郁和失眠的情况发生。孕吐、尿频、腿抽筋、腰背疼痛等孕期常见的不适症状也会降低准妈妈的睡眠质量。

睡前喝杯牛奶能促进睡眠，牛奶富含钙和L-色氨酸，能抑制脑神经兴奋异常，使准妈妈感到平和、放松。**核桃、花生等食物富含维生素B$_1$**，也有助于消除疲劳。

营养要点

经常失眠不仅会使准妈妈在白天疲劳憔悴、郁闷倦怠、食欲减退，还会影响胎宝宝的健康发育。所以准妈妈在饮食上，要避免食用辛辣刺激性以及让人兴奋的食物，温补的补品和中药也要避免食用，多吃芹菜、银耳、莲子、牛奶等有助于睡眠的食物。

重点补充：B 族维生素

B 族维生素中的维生素B$_{12}$有维持神经系统健康、消除烦躁不安的功能，能使难以入眠或常在半夜醒来的准妈妈改善睡眠状况。如果缺乏维生素B$_{12}$，就会感到焦虑、易怒、睡不好，色氨酸可以在维生素B$_1$、维生素B$_2$、维生素B$_6$的共同作用下转换为烟酸，进而缓解失眠症状。

B 族维生素的食物来源

维生素B$_1$是维持神经系统不可缺少的营养成分，有助于消除脑神经的疲劳和全身疲乏。维生素B$_1$在全谷类、豆类、坚果类等食物中含量较多。

维生素B$_6$有助于缓解精神紧张和抑郁症状，也有助于改善准妈妈的睡眠质量。动物肝脏、豆类、蛋黄等都是维生素B$_6$的极好来源。

维生素B$_{12}$有助于维护神经系统的完整性，还有消除疲劳、情绪波动等作用。维生素B$_{12}$只存在于动物性食物中，准妈妈可以常吃乳制品、蛋类、鱼、肉类、动物肝脏等食物。

烟酸也能助睡眠

B 族维生素中的烟酸在人体内转化成烟酰胺，参与能量代谢。烟酸同维生素B$_6$同补，可以预防脑动脉硬化的发生，防止中性脂肪及胆固醇沉积于血管壁，使脑供血畅通，对神经衰弱和失眠有一定的缓解作用。植物性食物中主要是烟酸，动物性食物中主要是烟酰胺，补充烟酸和烟酰胺，准妈妈可以常吃胡萝卜、扁豆、花生、瘦肉、鱼肉、乳制品、蛋类等食物。除了直接从食物中摄取烟酸外，色氨酸在体内也能转化成烟酸，所以准妈妈可以常喝些富含色氨酸的牛奶。

睡前不宜吃太饱

吃得过饱，再加上运动量小的话，会使食物不能及时消化，增加胃肠的负担，这就会影响准妈妈晚上的睡眠。

所以准妈妈的晚餐吃七分饱就可以了，不要吃一些易产气、增加腹胀感的食物，而且要把进餐时间安排得早一些。尽量不要在睡前2小时内吃东西，要给身体充足的时间来消化食物。

睡前少喝水

夜间频繁上厕所，也会影响准妈妈的睡眠质量。所以准妈妈应该在白天保证足够补水量的前提下，临睡前不要再大量喝水。但可以喝一杯牛奶或酸奶，其中富含的色氨酸在体内可以转化为烟酸，具有舒缓心情和助眠的作用。

左侧位睡姿

在孕晚期腹部逐渐增大以后，准妈妈如果采取右侧卧位或仰卧位，由于增大的子宫压迫下腔静脉，会影响给胎宝宝的供血量，胎宝宝就会在妈妈肚子里出现剧烈的躁动，影响准妈妈的睡眠质量。而选择左侧位睡姿，可以减轻子宫对腹主动脉和髂动脉的压迫，改善血液循环，增加对胎宝宝的供血量，对准妈妈自己和胎宝宝都比较有利。

控制好午睡时间

午睡有助于缓解准妈妈疲劳犯困的状况，特别是上班族准妈妈。但是，有午睡习惯的准妈妈要注意控制午睡的时间。一般来说，午睡的时间在半小时到1小时比较合适，如果超过1小时，反而会更觉得疲乏，而且会使晚上睡不着。

助睡眠的小妙招

除了注重饮食和作息外，还有一些小妙招有助于准妈妈提高睡眠质量。睡前洗个热水澡（37℃即可），或用热水泡脚，就能让准妈妈睡得香。最好等到睡觉时才上床，不要在床上进行与睡觉无关的活动，如看电视等。睡前听听舒缓的轻音乐，也有助于睡眠。柔和的灯光、舒适的温度会营造一个良好的睡眠氛围。

孕晚期酸奶和牛奶交替着喝，不仅有助睡眠，还能获取充足的钙和维生素D。

□ 营养问答

腿抽筋导致的失眠，饮食该怎么调理

如果是因为缺钙、镁、B族维生素引起的腿抽筋，饮食上就该重点补充相应的营养素。如果抽筋问题与局部血液循环、血液酸碱度有关，可以少吃动物性蛋白质、精淀粉（如白面包、白米饭、甜食等），多吃蔬菜和水果，可以解决血液酸碱度不平衡状况。

晚上老是睡不着，能吃药吗

失眠的治疗方法主要包括药物治疗和非药物治疗。对一般人来说，可以采用药物治疗。但对于准妈妈来说，宜采用食疗和改变生活习惯等方法治疗失眠，尽量避免使用药物，以免对胎宝宝造成危害。如果失眠状况严重，就要去看医生。

失眠真的能诱发妊娠期高血压疾病吗

失眠首先会影响准妈妈的睡眠质量，导致准妈妈大脑休息不足，白天容易疲劳憔悴、郁闷倦怠、食欲减退、抵抗力减弱。如果是经常性失眠，还可能增加患妊娠期糖尿病和妊娠期高血压疾病的概率。被失眠困扰的准妈妈，调整心态最关键。如果晚上实在睡不着，不妨看看书或听听音乐，做点让心情放松的事，白天可以补补觉。不要过多想失眠可能对宝宝有影响，否则越想越睡不着。

营养食谱

菜品 西芹炒百合

西芹具有健胃、镇静、降压、利尿的功效。百合富含B族维生素、维生素C和钙、铁、磷等营养素，有养心安神、润肺补虚的作用。

原料： 鲜百合50克，西芹300克，葱段、姜片、盐、水淀粉、植物油各适量。

做法： ❶鲜百合洗净，掰成小瓣；西芹洗净，切段，用沸水焯烫。❷油锅烧热，下入葱段、姜片炝锅，再放入西芹和百合翻炒至熟，调入盐，用水淀粉勾薄芡即可。

关键营养素：B族维生素
每日建议摄取量：维生素B$_1$1.5毫克，维生素B$_6$2.2毫克
补充理由：缓解准妈妈的失眠症状
主要食物来源：百合、猕猴桃、西红柿、青菜、谷类等

5

主食 牛奶馒头

牛奶馒头富含钙，如果准妈妈是由于缺钙导致腿抽筋，继而引发了失眠，就可以通过补钙来治疗，牛奶、奶酪等食物都是好选择。

原料： 面粉300克，牛奶1袋(250毫升)，白糖、发酵粉各适量。

做法： ❶面粉中加入牛奶、白糖、发酵粉并搅拌成絮状。❷把絮状面粉揉光，放置温暖处发酵1小时。❸发好的面团用力揉至光滑，使面团内部无气泡。❹搓成圆柱，切成小块，整理成圆形，放入蒸笼里，盖上盖，再醒发20分钟；凉水上锅蒸15分钟即成。

关键营养素：钙
每日建议摄取量：孕早期800毫克，孕中期1000毫克，孕晚期1200毫克
补充理由：防治准妈妈缺钙引起的腿抽筋，改善准妈妈的睡眠质量
主要食物来源：奶制品、海产品等

45

汤 奶酪蛋汤

鸡蛋中的卵磷脂有助于准妈妈思维敏捷、注意力集中、记忆力增强，一旦缺乏，就会出现失眠、心理紧张、头昏头痛等症状。

原料： 奶酪20克，鸡蛋1个，芹菜100克，胡萝卜半根，高汤、面粉、盐各适量。

做法： ❶芹菜和胡萝卜洗净，切成丁；奶酪与鸡蛋一同打散，加适量面粉调匀。❷锅内放适量高汤烧沸，加盐调味，然后淋入调好的奶酪蛋液。❸继续烧至沸腾，撒上芹菜丁与胡萝卜丁，稍煮片刻即可。

关键营养素：卵磷脂
每日建议摄取量：500毫克
补充理由：可使准妈妈思维敏捷、注意力集中，也有助于睡眠
主要食物来源：鸡蛋、大豆、谷类、玉米油

25

 菜品 肉丁炒芹菜

　　芹菜有安神、助睡眠的功效，芹菜富含的膳食纤维不仅能促进食物消化，防治便秘，还有很好的降血糖、降胆固醇的效果。

原料： 瘦肉150克，芹菜250克，料酒、葱花、姜末、盐、植物油各适量。

做法： ❶瘦肉洗净，切小丁，用盐、料酒调汁腌制；芹菜择洗干净，切丁，焯水。❷油锅烧热，先下葱花、姜末煸炒，再下肉丁，大火快炒，盛出。❸再下芹菜快炒，然后放入肉丁同炒，烹入料酒，加盐调味。

关键营养素：膳食纤维
每日建议摄取量： 20~30克
补充理由： 适量的膳食纤维能促进食物消化，防治消化不良导致的失眠
主要食物来源： 蔬菜、全谷类、根茎类、水果

10

 粥 莲子芋头粥

　　莲子含有丰富的碳水化合物，莲子中的钙、磷和钾含量非常丰富，还具有维持神经传导性、镇静神经等作用，很适合失眠的准妈妈食用。

原料： 糯米50克，莲子30克，芋头60克，白糖适量。

做法： ❶将糯米洗净，浸泡3小时；莲子洗净，泡软；芋头洗净，去皮，切小块。❷将莲子、糯米、芋头一起放入锅中，加适量水同煮，粥熟后调入白糖即可。

关键营养素：碳水化合物
每日建议摄取量： 孕期不低于150克
补充理由： 提供能量，维持心脏和神经系统正常运行
主要食物来源： 糯米、小米、面食

30

 饮品 木瓜牛奶果汁

　　牛奶是补充优质蛋白质和色氨酸的理想食物，准妈妈每日晚上睡前喝些牛奶，对提高睡眠质量很有帮助。

原料： 木瓜半个（约200克），香蕉1根，柳橙半个，牛奶半袋（125毫升）。

做法： ❶木瓜去皮，去子；香蕉剥皮；柳橙剥去外皮，剔除子。❷把木瓜、香蕉、柳橙放进榨汁机内，加入牛奶、温开水，榨成汁即可。

关键营养素：蛋白质
每日建议摄取量： 孕早期70~75克，孕中期80~85克，孕晚期85~100克
补充理由： 增强抵抗力，也有助于睡眠
主要食物来源： 乳类、蛋类、豆制品、虾、鱼等

5

妊娠贫血，补铁是王道

看到周围很多准妈妈都会遇到贫血的状况，这让你不得不重视做好预防。其实只要在平时多注意通过饮食和补铁剂补铁，就算出现贫血，也不会很严重。

贫血是准妈妈常见的营养素缺乏病之一，而缺铁是导致贫血发生的重要原因。胎宝宝骨骼、肌肉、内脏器官的发育都需要大量的铁，如果准妈妈不能及时补充，就很容易出现贫血。在孕早期，缺铁性贫血的发生率约为10%；到孕中期，就可能达到38%；在孕晚期，缺铁性贫血的发生率会更高。

甜椒富含的维生素C能促进铁吸收。 在烹制食物时，可以将甜椒与富含铁的牛肉、猪肝等食物搭配，这样补铁的效果就会好很多。

营养要点

预防和治疗贫血要从多方面入手，孕早期的孕吐、消化性溃疡、慢性胃肠炎等要及早治疗，祛除病因。在饮食上不要偏食，根据贫血的类型相应地补充铁、叶酸、维生素 B_{12} 等营养素，常吃些肉类、肝脏、蛋类等含铁丰富的食物。

重点补充：铁

充足的铁可以保证血红蛋白的形成，参与氧的运输和存储，将充分的营养素输送给准妈妈和胎宝宝。食物中的铁有血红素铁和非血红素铁之分，一般来说，动物性食物中的血红素铁的吸收率稍高于植物性食物中的非血红素铁。所以，畜禽的肉类、肝脏、血液和蛤

贝类食物是准妈妈防治贫血的理想食物。

提高铁的吸收率更关键

防治缺铁性贫血，食用富含铁的食物是首选，但仅仅关注食物中的铁含量是远远不够的，铁的吸收率更关键。肉类、肝脏和血液中铁的吸收率为20%~25%；鱼类中铁的吸收率约为11%；其他类别的食物中铁的吸收率就较低了，比如蛋类为3%，而谷类和蔬菜中铁的吸收率一般低于5%。所以要保证铁的有效摄取，肉类、肝脏、血液和鱼类食物是最佳选择。

值得重视的是，肉类和鱼类与含铁丰富的蔬菜和谷类搭配食用时，铁的吸收率还会提高。

维生素C促进铁吸收

维生素C与铁一同补充，有助于提高铁的吸收率，所以准妈妈在补铁的同时，不要忘了同时补充维生素C。在准妈妈吃的水果和蔬菜中，如果富含维生素C的同时还富含铁，那就更好了。

水果中的葡萄、大枣、苹果、猕猴桃、柚子、草莓、樱桃，蔬菜中的甜椒、菠菜、苋菜、青菜、油菜、花菜等，都是准妈妈的好选择。

热量足了，铁的吸收更充分

补铁的时候，一定要保证充足的热量摄入，因为只有在体内热量充足的情况下，铁的吸收才会更充分，补铁的效果才更好。事实上不仅是补铁，补充其他营养素也是同样的道理。

强化铁的食物也能吃

除了食用天然含铁的食物外，选择添加了铁的强化食物也是准妈妈防治缺铁性贫血的重要方式，比如加铁酱油、加铁牛奶或孕妇奶粉、强化面粉等。此外，大部分的复合型营养补充剂中也含有铁，准妈妈可以根据需求在医生指导下选择补充。常见的补铁剂中，硫酸亚铁每日的补充量是150毫克，富马酸亚铁每日的补充量为100毫克。

叶酸和维生素 B$_{12}$ 也不能忘

孕早期补充叶酸，除了能预防胎宝宝出现神经管畸形和唇裂，还能预防巨红细胞性贫血。叶酸和维生素B$_{12}$都是DNA合成过程中重要的辅酶，如果缺乏，就会阻碍DNA的合成，影响到身体的多种组织，以造血组织最为严重，会引起幼红细胞增殖成熟障碍，出现形态上和功能上均异常的巨红细胞。这些异常的巨红细胞的寿命比正常红细胞短，往往会被过早破坏，造成贫血。所以准妈妈还要补充叶酸和维生素B$_{12}$，来预防巨红细胞性贫血。

服用补铁剂也要医生指导

准妈妈如果验血结果显示属于中度以上的贫血，就需要在医生的指导下口服补铁剂来治疗。一般来说，硫酸亚铁、碳酸亚铁、富马酸亚铁、葡萄糖酸亚铁容易被人体吸收，适合准妈妈选择。

准妈妈服用补铁剂时，如果出现胃肠不舒服和便秘这些副作用，就要去看医生了。而且补铁过量容易导致铁中毒，轻度的铁中毒会造成恶心，严重的话可能会造成脏器的器质性病变。补铁剂虽然不属于处方药，但一定要在医生的指导下服用。

黑豆有很好的补铁效果，能有效改善缺铁性贫血症状。像黑米、黑芝麻、黑木耳等黑色食物含铁都比较丰富。

营养问答

猪肝含铁较多，吃猪肝补铁要注意什么

准妈妈应该从多样化食物中补充所需的铁，而不能只依靠猪肝。猪肝的含铁量和铁的吸收率虽然都很高，但猪肝本身是净毒器官，除了铁、锌外，还富含维生素A和胆固醇。如果维生素A摄入过多，造成无法由肾脏排泄而出现中毒现象，胆固醇摄入过量会诱发心血管疾病。所以猪肝不宜多吃，每次不宜超过50克；也不宜频繁吃，每周1~2次就可以了。

黑色食物含铁丰富，是真的吗

民间的说法里，黑色食物含有丰富的铁物质，确实是如此。黑米、黑豆、黑芝麻、黑木耳等食物，含铁量都比较丰富，虽然吸收率不如动物肝脏，但若长期食用，具有明显改善缺铁性贫血的功效，可以起到补血的作用，所以准妈妈不妨多吃一些黑色的食物。

服用补铁剂引发不适，还能继续吃吗

补铁剂对胃肠道有刺激作用，常常会引起恶心、呕吐、腹痛等，所以适合在饭后服用。如果不适的症状较严重，准妈妈可以暂停服用，过几天再小剂量服用，逐渐增加到所需的剂量。如果还不能耐受，可以改用注射剂。而补充铁剂后大便会发黑，这是正常现象，准妈妈不必担心。

营养食谱

菜品　黑木耳炒肉

　　猪瘦肉和黑木耳都富含铁，搭配烹制食用，更有助于提高铁的吸收率，对防治缺铁性贫血有很好的食疗效果，很适合准妈妈食用。

原料： 猪瘦肉150克，黑木耳50克，黄瓜80克，香菜叶、盐、水淀粉、植物油各适量。

做法： ❶黑木耳泡发好，去蒂，洗净，撕成片；黄瓜洗净，切成片。❷猪瘦肉洗净切成细条，加入盐、水淀粉腌片刻。❸油锅烧热，放入肉丝快速翻炒，再将黑木耳、黄瓜片一同放入炒熟，出锅前放盐、香菜叶即可。

关键营养素：铁
每日建议摄取量： 孕早期15~20毫克，孕中晚期20~30毫克。
补充理由： 能为胎宝宝造血和脾脏发育提供充足的铁，为分娩做准备
主要食物来源： 黑木耳、猪肝、瘦肉等

10

主食　猪肝烩饭

　　猪肝中的铁含量和吸收率在食物中都是很高的。米饭是准妈妈获取碳水化合物的基本主食，充足的热量摄入，有助于铁在体内的吸收。

原料： 米饭1碗，猪肝50克，胡萝卜半根，洋葱半个，蒜末、水淀粉、盐、白糖、料酒、植物油各适量。

做法： ❶猪肝洗净，切片，调入料酒、白糖、盐、水淀粉腌10分钟。❷洋葱、胡萝卜去皮洗净，切成片。❸油锅烧热，下蒜末煸香，放入猪肝略炒；依次放入洋葱片、胡萝卜和盐炒熟后加水淀粉勾芡，淋在米饭上即可。

关键营养素：碳水化合物
每日建议摄取量： 孕期不低于150克
补充理由： 为准妈妈和胎宝宝提供热量，充足的热量有助于铁的吸收
主要食物来源： 大米、小米、面食、新鲜水果

10

汤　豆腐鲈鱼汤

　　豆腐含有丰富的植物蛋白和钙，容易消化，热量也低。鲈鱼富含钙、B族维生素和蛋白质。这道豆腐鲈鱼汤是准妈妈益气补血的佳品。

原料： 鲈鱼1条（约200克），豆腐1块，干香菇3朵，姜片、盐各适量。

做法： ❶鲈鱼处理干净，切块；豆腐切块；香菇泡发，去蒂，洗净。❷将姜片放入锅中，加水烧开，加入豆腐、香菇、鲈鱼炖煮至熟，加盐调味即可。

关键营养素：维生素B_{12}
每日建议摄取量： 2.6毫克
补充理由： 能保护血细胞和神经系统的完整性，预防巨红细胞性贫血
主要食物来源： 鱼肉、动物肝脏、鸡蛋、牛奶

20

 菜品　豉香牛肉片

牛肉富含优质蛋白，其含有的肌氨酸含量比其他食物都高。牛肉还是准妈妈补铁的常备食物，对防治缺铁性贫血有很好的食疗效果。

原料： 牛里脊肉200克，芹菜100克，鸡蛋清1个，姜末、盐、料酒、豆豉、水淀粉、高汤、植物油各适量。

做法：❶ 将牛里脊肉洗净，切薄片，加盐、鸡蛋清、水淀粉拌匀上劲；芹菜洗净，去叶，切成段。**❷** 油锅烧热后，下牛肉片滑散至刚熟，捞出沥油。**❸** 锅内留底油，放入豆豉、姜末略煸，再倒入芹菜翻炒，放入料酒、高汤和牛肉片，炒熟加盐即可。

关键营养素：蛋白质
每日建议摄取量： 孕早期70~75克，孕中期80~85克，孕晚期85~100克
补充理由： 增强准妈妈的抵抗力
主要食物来源： 牛肉、乳类、豆制品、虾、鱼等

 10

 粥　紫苋菜粥

紫苋菜中富含叶酸和铁，很适合贫血的准妈妈食用。这道紫苋菜粥清香可口，还能调节准妈妈的胃口和心情。

原料： 紫苋菜50克，糯米80克。
做法：❶ 紫苋菜择洗干净；糯米淘洗干净。**❷** 紫苋菜用水煎后，取汁和糯米共煮成粥即可。

关键营养素：叶酸
每日建议摄取量： 400微克
补充理由： 预防胎宝宝神经管畸形，巨红细胞性贫血
主要食物来源： 苋菜、菠菜、芦笋、糙米等

 30

 饮品　菠菜柳橙汁

菠菜富含叶酸和铁，有助于防治贫血。柳橙富含维生素C，能够提高准妈妈的身体对铁的吸收率，有效预防贫血。

原料： 菠菜2棵，柳橙1个，胡萝卜1根，苹果1个。
做法：❶ 菠菜择洗干净，用开水焯过；柳橙去皮；胡萝卜、苹果洗净。**❷** 柳橙、胡萝卜与苹果切碎，与菠菜一起放入榨汁机榨汁即可。

关键营养素：维生素C
每日建议摄取量： 130毫克
补充理由： 不仅能增强抵抗力，还有助于铁的吸收，防治贫血
主要食物来源： 柳橙、菠菜、猕猴桃、草莓、甜椒、西红柿等

 5

吃对食物，预防妊娠纹、妊娠斑

防不胜防的妊娠纹和妊娠斑还是出现了，这让爱美的你很苦恼。既然不能随便使用去斑化妆品，那就吃点有助于淡化妊娠纹和妊娠斑的食物吧！

由于孕激素和雌激素分泌的增多，你的皮肤开始变差了。而色素的沉积，致使腹部的皮肤表面产生妊娠纹，在面部也可能会生出黑褐色的妊娠斑。一般来说，孕期出现的妊娠纹和妊娠斑，在分娩之后会随着内分泌的回归正常而逐渐消退，所以不必过于担心。至于在孕期，可以让食物来呵护你的肌肤。

吃橙子有助于淡化妊娠纹、妊娠斑。橙子含有丰富的维生素C和胡萝卜素，能促进血液循环，防止皮肤黑色素沉积，使皮肤白皙、有弹性。

营养要点

准妈妈要减少妊娠纹和妊娠斑，关键是要预防营养过剩，而且常吃一些富含维生素C、维生素E、膳食纤维的新鲜果蔬，远离甜腻、油炸和辛辣刺激的食物。通过均衡的营养改善肤质，增强皮肤的通透性和弹性，增加皮肤的抗衰老能力和新陈代谢功能。

重点补充：维生素C

维生素C有很强的抗氧化能力，能有效抑制皮肤里多巴醌的氧化作用，使皮肤中深色氧化型色素转化为还原型浅色素，干扰黑色素的形成，预防色素沉积，可以有效减少准妈妈的妊娠纹和妊娠斑。新鲜的柑橘、草莓、猕猴桃、苹果、西红柿、西蓝花等都是准妈妈获取维生素C的常备果蔬。

不能同时补维生素C制剂和叶酸制剂

很多准妈妈在补充维生素C的同时还补充叶酸，这样是不对的。维生素C制剂要在酸性环境中才能比较稳定，而叶酸在酸性环境中很容易被破坏。如果在吃含维生素C的食物或维生素C补充剂的同时，补充叶酸制剂，由于两者的稳定环境相抵触，因此吸收率都会受影响。所以服用维生素C和叶酸补充剂时，两者之间最好间隔1小时以上，以免事倍功半。

补充维生素E，安胎又养颜

维生素E是所有具有生育酚生物活性的色酮衍生物的统称，能够预防大细胞性溶血性贫血，促进胎宝宝的良好发育，在孕早期常被用于保胎安胎。维生素E还有很强的抗氧化作用，可以延缓细胞衰老。准妈妈如果缺乏维生素E，容易引起头发脱落、皮肤多皱、斑纹凸显。

预防妊娠纹、妊娠斑，准妈妈可以常吃富含维生素E的食物，如小麦芽油、豆油等植物油，小米、玉米等全粒粮谷，菠菜、莴笋、紫甘蓝等绿色蔬菜以及蛋类、肉类、鱼类等食物。

用橄榄油预防妊娠纹

孕妇专用橄榄油防护妊娠纹的方法更加侧重在皮肤的滋养和维护。其中的橄榄多酚成分有抗氧化的功效，可以防止肌肤胶原变形，通过深层滋润肌肤，提升皮肤的弹性活力，从而预防断裂造成的妊娠纹。此外，孕妇专用橄榄油还能用于卸妆、护发和护肤，"一油多用"，更受准妈妈的青睐。

准妈妈可以从孕期的第3个月开始，每日用一茶匙孕妇专用橄榄油抹在肚皮、大腿内外侧及臀部这些容易产生妊娠纹的部位，并轻轻地按摩，直到分娩为止，能有效预防妊娠纹。对于新生的妊娠纹，如果立即使用孕妇专用橄榄油涂抹按摩，长期下来也可以使期淡化。

西红柿帮助淡化妊娠斑

西红柿除了富含维生素C外，还含有丰富的番茄红素，抗氧化、防妊娠纹、妊娠斑的能力很强。维生素C和番茄红素是抑制黑色素的最好武器，准妈妈常吃西红柿，能有效预防和减少妊娠纹和妊娠斑。

膳食纤维，让皮肤更有弹性

让皮肤保持弹性，准妈妈要少吃油炸和色素含量高的食物，可以吃些对皮肤内胶原纤维有利的食物。膳食纤维是准妈妈需要多摄取的营养素，适当多吃些膳食纤维丰富的水果和蔬菜，可以增加表皮细胞的通透性和新陈代谢功能，保持皮肤的弹性和细腻。

适当用点护肤品

皮肤干燥和有瘙痒感的准妈妈，出现妊娠纹的概率更大。准妈妈用妊娠纹防护精华液和保湿乳液，可以让皮肤滋润保湿，有助于减少妊娠纹的出现。如果能在产后的3个月里，持续对出现妊娠纹部位的皮肤施以按摩，效果会更好。孕妇专用的隔离霜能有效减少日晒、辐射和尘埃造成的肌肤伤害，是准妈妈可以放心使用的护肤品。

防晒有办法

防治妊娠斑，准妈妈平时还要注意防晒，以免面部皮肤在紫外线的照射下，加快黄褐斑、妊娠斑的形成和加深。阳光特别好的时候，准妈妈要尽量避免在阳光下长时间暴晒。如果要外出，最好涂一些防晒霜，打着遮阳伞。

孕妇专用橄榄油更加侧重在皮肤的滋养和维护，通过深层滋润肌肤提升皮肤的弹性活力，从而预防断裂造成的妊娠纹。

📖 营养问答

补充胶原蛋白能防治妊娠纹、妊娠斑吗

胶原蛋白富含人体需要的甘氨酸、脯氨酸、羟脯氨酸等氨基酸，可以增加准妈妈皮肤的弹性和韧性，还能延缓细胞的老化速度，常吃能有效对抗妊娠纹。蹄皮、蹄筋、软骨、鸡翅、三文鱼等食物中虽然都富含胶原蛋白，但这些食物中的胶原蛋白都是大分子蛋白质，很难被人体直接吸收，而且这类食物大多脂肪含量较高，所以准妈妈最好通过胶原蛋白补充剂来补充。

喝牛奶能减少妊娠纹、妊娠斑吗

喝牛奶可以改善皮肤细胞活性，延缓皮肤衰老，增强皮肤张力，刺激皮肤新陈代谢，保持皮肤润泽细嫩。但是在防治妊娠纹、妊娠斑的时候，不能喝全脂牛奶，而应该喝脱脂牛奶，以免加重内分泌失衡。与此同时还要少喝果汁，多吃水果；少喝浓汤，多喝清汤；少吃干果、饼干，多吃新鲜蔬果。

冷热水交替冲洗腹部能减少妊娠纹，真的可以吗

网络上流传着"在洗澡的时候坚持用冷热水交替冲洗腹部，可以减少妊娠纹"的说法，这种说法是不正确的。这种做法虽然能促进相应部位的血液循环，加速皮肤黑色素分解，但不适用于准妈妈。因为冷热交替会刺激到腹中的胎宝宝，也不利于准妈妈的健康。

营养食谱

菜品 西蓝花烧双菇

西蓝花富含维生素C，具有很强的抗氧化作用，能够延缓细胞衰老，对防治妊娠纹、妊娠斑很有帮助。

原料： 鲜香菇5朵，口蘑5朵，西蓝花100克，盐、水淀粉、植物油各适量。

做法： ❶鲜香菇洗净，去蒂；西蓝花洗净，掰成小朵；口蘑洗净，切片。❷油锅烧热，放入西蓝花、口蘑、香菇翻炒至熟，放入盐调味。❸出锅前，用水淀粉勾芡即可。

关键营养素： 维生素C	
每日建议摄取量： 130毫克	
补充理由： 补充维生素C能预防色素沉积，可以有效减少准妈妈的妊娠纹和妊娠斑	
主要食物来源： 西蓝花、猕猴桃、草莓、甜椒、西红柿等	

10

粥 黄豆芝麻粥

黄豆中富含的维生素E除了能保胎安胎外，还可以延缓皮肤衰老。准妈妈常吃有利于预防妊娠纹、妊娠斑。

原料： 黄豆20克，大米80克，熟黑芝麻、高汤、盐各适量。

做法： ❶将黄豆洗净，浸泡2小时。❷将黄豆、大米放入锅中，加适量高汤煮粥，煮至黄豆烂熟后加入熟黑芝麻，稍煮，加盐调味即可。

关键营养素： 维生素E	
每日建议摄取量： 14毫克	
补充理由： 维生素E的强抗氧化性能增加皮肤的抗衰老能力，帮助准妈妈预防妊娠纹、妊娠斑	
主要食物来源： 黄豆、黑芝麻、植物油、松子等	

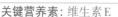

30

汤 牛肉萝卜汤

牛肉富含铁、蛋白质、氨基酸，能够帮助准妈妈提高抵抗力、补血养血、修复组织。准妈妈常吃有利于胎宝宝的发育，还能增强自身的体质。

原料： 牛肉80克，萝卜100克，香菜末、香油、盐、葱花、姜末各适量。

做法： ❶将萝卜去皮洗净，切成片；牛肉洗净切成块，放入碗内，加盐、香油、葱花、姜末腌制入味。❷锅中放入适量开水，先放入萝卜片，煮沸后放入牛肉，炖煮。❸等牛肉煮熟后加盐调味，撒上香菜末即可。

关键营养素： 铁	
每日建议摄取量： 孕中晚期20~30毫克	
补充理由： 胎宝宝肝脏正在快速储存铁，准妈妈要保证充足的摄入量	
主要食物来源： 牛肉、瘦肉、红枣、菠菜等	

40

菜品 ## 冬笋拌豆芽

冬笋质嫩味鲜，清脆爽口，含有丰富的膳食纤维、维生素、矿物质和多种氨基酸，既有助于消化，又能预防便秘和结肠癌的发生。

原料： 冬笋250克，黄豆芽200克，盐、白糖、香油各适量。

做法： ❶黄豆芽洗净；冬笋洗净，切成丝；将黄豆芽、冬笋丝放入沸水中焯水，捞出过冷水，沥干。❷将冬笋丝、黄豆芽一同放入碗内，加盐、白糖、香油拌匀即可。

关键营养素：膳食纤维
每日建议摄取量：20~30克
补充理由：适量的膳食纤维能增强表皮细胞的通透性和新陈代谢功能
主要食物来源：冬笋、豆芽、绿叶蔬菜、水果

5

主食 ## 玉米香菇虾肉饺

香菇是高蛋白的营养保健食物，还含有丰富的氨基酸；玉米富含不饱和脂肪酸和矿物质；虾仁是准妈妈补充蛋白质的理想食物。

原料： 饺子皮200克，猪肉150克，干香菇4朵，虾仁5个，玉米粒100克，胡萝卜半根，盐、五香粉各适量。

做法： ❶胡萝卜去皮，洗净；干香菇泡发后，洗净，切丁；虾仁切丁。❷将猪肉和胡萝卜剁碎，放入玉米粒、香菇丁、虾仁丁，搅拌均匀；再加入盐、五香粉制成馅。❸用饺子皮包上馅，入沸水锅中煮熟即可。

关键营养素：蛋白质
每日建议摄取量：孕晚期每日需要85~100克
补充理由：孕晚期胎宝宝需更多蛋白质
主要食物来源：虾、鱼、蛋类、乳类、香菇、豆制品等

30

饮品 ## 冬瓜蜂蜜汁

冬瓜中的膳食纤维有助于皮肤保持弹性。冬瓜具有出色的美白效果，帮助准妈妈淡化妊娠斑，让准妈妈健康又美丽。

原料： 冬瓜300克，蜂蜜适量。

做法： ❶冬瓜洗净，去皮，去瓤，切成块，放入锅中煮3分钟，捞出，放榨汁机中加适量温开水榨成汁。❷加入蜂蜜调匀即可。

关键营养素：水
每日建议摄取量：1200~1600毫升
补充理由：孕期摄取充足的水分，有助于皮肤毒素和色素的排出，保证皮肤新陈代谢的正常
主要食物来源：白开水、蔬果汁、汤、粥、富含水分的果蔬

5

腿抽筋，多晒太阳多补钙

晚上睡得好好的，小腿突然就抽筋了，影响了睡眠不说，那种抬也抬不起来、放也放不下去的感觉实在难受。其实这可能是身体在提醒你该补钙了。

在孕中后期，很多准妈妈都有过夜间腿抽筋的经历，缺钙是重要诱因之一。孕中后期的准妈妈每日需要摄入1000~1200毫克的钙，如果钙的摄入量不足，以及体内维生素D的含量不足，腿抽筋就会频繁出现。如果缺钙严重，不仅影响准妈妈的身体，更对胎宝宝的发育不利。

营养要点

为了预防缺钙性腿抽筋，准妈妈在平时要注重补钙和维生素D，应多食用牛奶、豆腐、虾、海带等含钙量高、吸收率高的食物。如果准妈妈没法精确计算食物中的钙含量，也没时间顿顿准备补钙大餐，还可以在医生的指导下服用钙剂。

重点补充：钙

钙可以平衡肌肉和神经的兴奋，如果血液中的钙浓度过低，就会使肌肉和神经的兴奋升高，容易导致腿抽筋。在夜间，人体血液中的钙浓度比白天低，所以准妈妈的腿抽筋多发生在夜间。补钙食物中，含钙高、吸收好的牛奶、酸奶、奶酪等奶制品是首选，虾、瘦肉、禽畜肝脏、豆制品等也是不错的选择。

含维生素D和钙的复方补充剂的补钙效果更好，维生素D能调节钙的代谢，促进钙吸收。含钙300毫克的小剂量补钙剂每次吃1片，每日2~3次，补钙效果更好。

补钙的同时补维生素D

维生素D能够调节钙的代谢，有助于钙的吸收，所以准妈妈在补钙的时候，同时补充维生素D，会让补钙的效果更好。除了食物和维生素D补充剂，准妈妈还可以通过晒太阳在体内合成维生素D。准妈妈每日需要补充10微克的维生素D，只要每日在阳光充足的室外活动半小时以上，就能合成足够的量，但不能暴晒。而且维生素D也不能补充过量，否则会引起食欲减退、心律不齐、恶心、呕吐等不适反应。补钙也是同样的道理，补钙过量容易导致便秘和高血钙症，不利于准妈妈和胎宝宝的健康。

少量多次，补钙效果更好

少量多次补钙，比一次性补大量钙的吸收效果要好得多，比如口服钙剂的吸收率通常只有30%~40%，最高也不会超过60%。所以用钙剂补钙的时候，准妈妈可以选择剂量小的钙片，每日分两次或三次口服。同样的道理，300毫升的牛奶，如果分两次喝，补钙的效果就会好于一次喝掉。需要注意的是，准妈妈如果出现便秘，就不宜服用补钙剂，因为钙质容易与肠道中的食物残渣结合，加重便秘症状。

清淡饮食有助于补钙

准妈妈的饮食中如果盐分过多，不仅会加重肾脏负担，还会影响钙的吸收，容易导致骨骼中的钙流失。除了不能摄入过多盐分外，准妈妈的饮食还不能太油腻。太油腻的食物中含有大量的饱和脂肪酸，可以在肠道与钙形成难溶物，影响钙的吸收，而且也容易诱发便秘。所以准妈妈要清淡饮食，不要吃过咸或油腻的食物。

两餐之间和睡前适合补充钙剂

补充钙剂的最佳时间应该是在两餐之间和睡前。因为钙容易与蔬菜中的植酸、草酸相结合，影响吸收，而由于血钙浓度在后半夜和早晨最低，所以需要在睡前补钙。不过睡前补充钙剂要距睡觉有一段时间，让钙充分被吸收，准妈妈可以在晚饭后半小时到1小时之间补充。

腿抽筋不全是缺钙引起的

虽然缺钙容易诱发腿抽筋，但并非所有的腿抽筋都是由缺钙引起的。准妈妈逐渐增大的子宫会压迫下肢血管和神经，使腿部血液循环不良，这也是腿抽筋的重要原因。长时间行走或站立，会使腿部肌肉疲劳，也容易导致腿抽筋。另外，不合理的睡姿、受凉都有可能导致腿抽筋。所以准妈妈除了补钙外，还要预防这些因素导致的腿抽筋。

预防腿抽筋的小妙招

预防腿抽筋，除了有效补钙外，准妈妈平时要注意不能长时间站立或行走，不能让腿部肌肉过度劳累；睡前对腿部和脚进行适度按摩，有助于缓解肌肉疲劳；睡觉时选择比较舒适的左侧卧位，让腹部和下肢的血液循环通畅，同时要预防腿部着凉；伸懒腰的时候注意两脚不要伸得过直。

腿抽筋了，按摩泡脚来缓解

如果出现了腿抽筋，可以先轻轻地从下向上按摩腿肚子，再按摩脚趾和整个腿。还可以用温水泡脚，同时热敷小腿，轻轻扳动足部，一般都能缓解腿抽筋。准妈妈此时身体不便，准爸爸要及时给准妈妈以帮助。

晒太阳半小时以上，就能合成身体需要的维生素D的量。但不能暴晒，这会伤害皮肤，也会加重妊娠斑。

📖 营养问答

骨头汤的补钙效果好吗

有的准妈妈为了补钙，就猛喝骨头汤，其实骨头汤的补钙作用是很有限的。骨头中的钙不易溶于汤中，也不易被人体吸收。用1千克肉骨头煲汤2小时，汤中的钙也只有20毫克左右，所以用骨头汤补钙是事倍功半的。而且骨头汤喝多了会油腻，易引起准妈妈不适。

多吃富含钙的食物，还用再补充钙剂吗

多吃含钙丰富的食物是准妈妈补充钙的重要方式，如奶类和奶制品、豆制品及坚果类等含钙量高的食物。但从食物中摄取的钙量是比较有限的，往往不能满足准妈妈和胎宝宝的需要，特别是孕晚期。所以除了在饮食上注重补钙外，准妈妈还要根据需要，合理选择钙剂进行补钙。

市面上的钙剂很多，该怎么选

首先要注意厂家、生产日期、保质期、批准文号等信息，避免买到伪劣产品。其次要辨别产品的宣传，钙剂的吸收率大致相同，如碳酸钙为39%、乳酸钙为32%、葡萄糖酸钙为27%等，那些含钙量过高的宣传都是假的。最后要注重选择复方钙剂，比如维生素D和钙的复方补充剂，其中的维生素D可以满足准妈妈的需求量，就不需要额外补充了。

营养食谱

菜品 银鱼炒鸡蛋

鸡蛋是准妈妈获取维生素D的重要食物来源，有助于促进钙的吸收，而且富含蛋白质和卵磷脂，对胎宝宝的大脑发育至关重要。

原料：鸡蛋2个，银鱼干1把，葱花、姜丝、盐、植物油各适量。

做法：❶鸡蛋打入碗中，搅拌打散；银鱼用水泡10分钟。❷油锅烧热，放入葱花、姜丝爆香，倒入银鱼干和鸡蛋翻炒，调入盐即可。

关键营养素：维生素D
每日建议摄取量：10微克
补充理由：维生素D能调节钙和磷的正常代谢，维持血中钙和磷的正常比例，预防腿抽筋
主要食物来源：鸡蛋、牛奶、鱼、虾、鱼肝油

5

粥 牛奶核桃粥

牛奶是准妈妈补钙的最佳食物来源，睡前喝一杯牛奶，可以改善夜间血钙浓度低的状况，有助于预防腿抽筋，还能促进睡眠。

原料：核桃仁30克，大米100克，牛奶1袋（250毫升），白糖适量。

做法：❶大米淘洗干净，和核桃仁一起放入锅中，加适量水，中火熬煮30分钟。❷倒入牛奶，煮沸之后，加入白糖即可。

关键营养素：钙
每日建议摄取量：孕早期800毫克，孕中期1000毫克，孕晚期1200毫克
补充理由：预防准妈妈出现腿抽筋，也能改善准妈妈的睡眠质量
主要食物来源：牛奶、豆腐、虾、黑芝麻

35

汤 虾皮紫菜汤

紫菜富含镁、碘、钙、磷和蛋白质，常用来烧汤，味道鲜美。虾皮中含有丰富的蛋白质和矿物质，尤其是钙的含量极为丰富。

原料：紫菜10克，鸡蛋1个，虾皮适量，香菜、盐、姜末、香油、植物油各适量。

做法：❶虾皮、紫菜洗净，紫菜撕成小块；鸡蛋打入碗内打散；香菜择洗干净，切小段。❷油锅烧热，下姜末略煸，加适量水烧沸，淋入鸡蛋液，放入紫菜、虾皮、香菜、盐、香油即可。

关键营养素：镁
每日建议摄取量：450毫克
补充理由：补镁能维护肌肉和神经功能的正常，预防手足抽搐，还能促进钙的吸收
主要食物来源：紫菜、海带、花生、香蕉等

10

菜品 **芹菜牛肉丝**

牛肉是准妈妈摄取蛋白质的重要来源，锌和镁有助于蛋白质的合成。牛肉与芹菜搭配，能强筋壮骨，改善准妈妈腿脚易抽筋现象。

原料： 牛肉250克，芹菜200克，料酒、水淀粉、盐、葱丝、姜片、植物油各适量。

做法： ❶牛肉洗净，切丝，加盐、料酒、水淀粉腌制；芹菜择叶，去根，洗净，切段。❷油锅烧热，下姜片和葱丝煸香，然后加入牛肉丝和芹菜段翻炒，可适当加一点水。❸最后放入适量盐即可。

关键营养素：蛋白质
每日建议摄取量：孕早期70~75毫克，孕中期75~85毫克，孕晚期85~100克
补充理由：孕晚期胎宝宝需要更多蛋白质合成内脏、肌肉、皮肤和血液
主要食物来源：牛肉、牛奶、鸡蛋、虾、鱼等

10

主食 **海带焖饭**

海带富含的碘和碘化物，能预防缺碘导致的甲状腺肿大，钾盐能降低胆固醇的吸收，钙和镁、磷有助于预防准妈妈出现腿抽筋。

原料： 大米100克，海带50克，盐适量。

做法： ❶将大米淘洗干净；海带洗净，切成丝。❷锅中放入水和海带丝，大火烧开后煮5分钟。❸电饭煲中倒适量水，放入海带丝、大米和盐，搅拌均匀，然后煮熟即可。

关键营养素：碘
每日建议摄取量：200微克
补充理由：补碘有助于维持甲状腺功能的正常，促进蛋白质的生物合成
主要食物来源：海带、紫菜、虾皮、海鱼等

25

饮品 **猕猴桃酸奶饮**

猕猴桃富含维生素C，对增强抵抗力、保护皮肤健康起着重要的作用。酸奶酸甜开胃，对预防腿抽筋、提高睡眠质量有很好的作用。

原料： 猕猴桃2个，酸奶1袋(250毫升)。

做法： ❶猕猴桃去皮、切块。❷将猕猴桃、酸奶放入榨汁机中榨汁即可。

关键营养素：维生素C
每日建议摄取量：130毫克
补充理由：增强准妈妈的抵抗力，有助于预防肌肉抽搐，维持胎宝宝骨骼和牙齿的发育
主要食物来源：猕猴桃、草莓、柳橙、西红柿、西蓝花等

5

妊娠高血压综合征遵循"三高一低"的饮食原则

妊娠高血压综合征是很常见的孕期病症，一旦检查出该病症，就要严格遵守"三高一低"的饮食原则，把血压控制在合理的范围，不会影响胎宝宝的健康。

妊娠高血压综合征多发在孕5月以后，如果收缩压≥140毫米汞柱，或舒张压≥90毫米汞柱，并伴有水肿、蛋白尿，就可做出诊断。在孕中晚期热量摄入过多、贫血、肥胖、有家族病史、高龄、双胞胎、葡萄胎、患有慢性肾炎或糖尿病等，都容易诱发妊娠高血压综合征。

钠盐每日吃3~5克就够了，吃多了会破坏细胞内外的平衡，增加血液的回心量和输出量，血压就会升高，也可以用钾盐代替钠盐。

营养要点

准妈妈如果检查出了妊娠高血压综合征，在饮食上首先要遵循"三高一低"的原则，即高蛋白、高钙、高钾和低钠。准妈妈要清淡饮食，减少动物脂肪的摄入，控制碳水化合物的摄入，钠盐和酱油也不能多吃，同时还要补充足够的蛋白质、钙、钾、锌、维生素C和维生素E。

重点补充：蛋白质、钙、钾、锌

充足的蛋白质能增加饱腹感，减少对碳水化合物的摄入。而且蛋白质还有助于血管舒张，降低血压。钙可以调节血管收缩和舒张能力，钾能够促进钠的排出，锌能提高抵抗力，适量补充钾和锌有助于调节血压。所以无论是预防还是饮食控制，准妈妈都要多补充这些关键的营养素。

盐要少吃点

不建议准妈妈严格控制盐的摄入。钠具有调节血容量、血管弹性和血压的作用，当钠摄入过量时，由于渗透压的作用，钠离子与钾离子共同维持细胞内外的平衡状态就会被打破，会增加回心的血量、心室充盈量和心输出量，就会使血压升高。如果准妈妈孕前口味偏咸，怀孕后要清淡饮食，每日摄入的钠盐应该控制在3~5克以内，也可以用钾盐代替钠盐。同时也要少吃味精、酱油、浓肉汁、调味汁、咸菜、酱菜、腌肉、香肠、火腿、咸罐头等含盐高的食物。

补钙帮助降压

预防妊娠高血压综合征，还不能忘了补充钙，钙可以调节血管收缩和舒张的能力。特别是低钙饮食的准妈妈（低钙饮食指每日钙摄入量低于600毫克），一定要注意补钙，至少每日口服钙剂不低于1000毫克。除了补充钙剂外，这类准妈妈平时饮食上也要多吃些含钙量高、易吸收的食物，如奶制品、虾、禽畜内脏、豆制品等。

适当多吃点鸭肉

鸭肉富含蛋白质、脂肪、铁、钾、磷、钙等多种营养素，性平而不热，脂肪高而不腻，有清热凉血、降血压、降血脂的功效。鸭肉中的脂肪不同于黄油或猪油里的，其化学成分近似橄榄油，饱和脂肪酸、单不饱和脂肪酸、多不饱和脂肪酸的比例接近理想值，有降低胆固醇的作用，对防治妊娠高血压综合征很有帮助。

适度控制体重增长

在孕中后期，摄入热量过多导致体重增长过快，也很容易诱发妊娠期高血压综合征。因此，孕晚期准妈妈要把每周增加的体重控制在500克以内。如果每周体重增长超过500克，准妈妈就要严格控制脂肪、碳水化合物的摄入，少吃高脂肪的肉类、油炸食物、糖果、甜饮料和糖分含量高的水果。在整个孕期，准妈妈合理的体重增加量应该是10~12千克。

防治妊娠期高血压综合征的生活细节

为了有效预防妊高征，准妈妈除了合理饮食外，还要在生活中做好预防举措。准妈妈不能过度劳累，作息要有规律，保持平和放松的心态，适度锻炼。每日保证8小时的睡眠时间，睡觉时以左侧卧位的睡姿为佳，利于血液循环，改善肾脏的供血条件。如果出现下肢水肿，就要增加卧床时间，把脚抬高休息。如果检查出贫血，就要及时补铁。

定期做血压检查很重要

妊高征病情复杂，变化快，病情易加重，因此准妈妈一定要每日早晚各测一次血压，并做好记录。每1~2周就要去医院做一次血压检查，在产科医生和营养医生的指导下，积极监测和控制血压，直到宝宝顺利分娩。

量血压时要放轻松

准妈妈因为在医院里交各种费用而来回走动，或是来到医院感到紧张，使得测量结果不准确。碰到这样的情况，医生会建议准妈妈先休息15分钟，等准妈妈放松平静下来以后再进行测量。

血压超过160/110毫米汞柱，不要私自服用降压药，要遵医嘱。 如果血压只是轻微增高，只要从生活和饮食调理和控制就可。

妊娠高血压综合征为什么不能喝浓汤

妊娠高血压综合征常合并有肾病，所以准妈妈除了要控制盐的摄入量，还要远离其他会加重肾脏负担的食物。过浓的鸡汤、肉汤、鱼汤等，经过代谢后会产生过多的尿酸，会加重肾脏的负担。所以，准妈妈喝的汤宜淡不宜浓。

准妈妈能用降压药吗

如果是轻微的妊娠高血压综合征，一般不需要服用降压药，只要注意从生活和饮食进行控制就可以了。如果血压超过140/90毫米汞柱，就要听医生的建议选择是否用药。如果血压超过了160/110毫米汞柱，就要在医生的指导下选择使用口服降压药或静脉注射降压药了。

患了妊娠高血压综合征，还能顺产吗

患了妊娠高血压综合征的准妈妈究竟能不能选择顺产？要看准妈妈的病情发展到了什么程度。如果血压超过160/110毫米汞柱，就属于中度以上的妊娠高血压综合征，分娩的时候发生子痫和其他合并症的可能性要大一些，顺产的风险相对较大，医生一般都会建议准妈妈选择剖宫产。如果妊娠高血压综合征的症状轻微，胎宝宝的发育状况良好，而且准妈妈具备了顺产的条件，还是要听取医生的建议，尽量选择顺产。

营养食谱

菜品 奶香瓜片

牛奶是准妈妈补钙和优质蛋白的首选食物，还富含维生素A，有降压的功效。冬瓜富含水分和维生素C，有降低血压、利尿消肿、清热解渴的功效。

原料： 冬瓜400克，胡萝卜半根，脱脂牛奶半袋(125毫升)，盐、水淀粉、高汤、植物油各适量。

做法： ❶冬瓜洗净，去皮，去瓤，切片；胡萝卜去皮洗净，切成片。❷油锅烧热，倒入牛奶、高汤烧沸后，加水淀粉和少量盐，倒入冬瓜片、胡萝卜片翻匀，煮熟装盘即可。

关键营养素：蛋白质	
每日建议摄取量：孕早期70~75克，孕中期80~85克，孕晚期85~100克	
补充理由：帮助准妈妈控制血压	
主要食物来源：牛奶、鸡蛋、鱼、虾、豆制品等	

10

主食 荞麦凉面

荞麦富含维生素E、锌、铁等营养素。进食荞麦后有饱腹感，有助于准妈妈稳定血糖。荞麦还对高血压以及因此而导致的心脑血管疾病有预防保健的作用。

原料： 荞麦面条150克，香油、海带丝、醋、白糖、白芝麻、盐各适量。

做法： ❶荞麦面条煮熟，放入冰箱冷藏，2小时后取出，加少许凉开水和香油、白糖、醋、盐，搅拌均匀。❷海带丝入锅煮熟，捞出晾凉；荞麦面条上撒上海带丝、白芝麻即可。

关键营养素：维生素E	
每日建议摄取量：14毫克	
补充理由：维生素E的强抗氧化性能抑制脂质过氧化作用，有助于降压	
主要食物来源：荞麦、植物油、黄豆、黑芝麻等	

10

汤 土豆海带汤

土豆富含钾、维生素，由于胃肠对土豆的消化吸收慢，所以吃土豆能增加饱腹感。土豆中的钾离子有抑制钠离子收缩血管的作用，是准妈妈理想的降压食物。

原料： 土豆1个，洋葱1/2个，水发海带100克，盐、海米、高汤各适量。

做法： ❶土豆去皮，切成细丝；水发海带洗净，切丝；洋葱切成末。❷锅内放油烧热，加洋葱末炒出香味，加高汤烧沸，加入土豆丝、海带丝、海米、盐，煮熟即可。

关键营养素：钾	
每日建议摄取量：2500毫克	
补充理由：钾和钠共同维持细胞内外的平衡状态，预防高血压	
主要食物来源：土豆、山药、香菇、苹果、香蕉等	

20

 菜品　芹菜拌花生

花生富含的锌有助于提高准妈妈的抵抗力，还能调节血压。芹菜不仅能促进食物消化，能安神、助睡眠，还能预防妊娠高血压、贫血、神经衰弱等。

原料： 花生仁1把，芹菜2棵，盐、香油各适量。

做法： ❶将花生仁洗净，泡涨，去皮，煮熟；芹菜去叶、根，洗净，切小段，汆烫至熟。❷将芹菜、花生仁放入盘内，加入盐、香油拌匀即可。

关键营养素：锌
每日建议摄取量：20毫克
补充理由：能提高准妈妈的抵抗力，还有助于调节血压
主要食物来源：花生、牛肉、虾、燕麦、苹果等

10

 粥　牛奶香蕉芝麻糊

牛奶是准妈妈补钙和蛋白质的理想食物，黑芝麻富含钙，香蕉含有丰富的钾、镁和维生素A，不仅能静心安神，还有助于降低血压。

原料： 牛奶1袋(250毫升)，香蕉1根，玉米面50克，白糖、芝麻各适量。

做法： ❶将牛奶倒入锅中，开小火，加入玉米面和白糖，边煮边搅拌，煮至玉米面熟。❷将香蕉剥皮，用勺子研碎，放入牛奶糊中，再撒上芝麻即可。

关键营养素：钙
每日建议摄取量：孕中晚期1000~1200毫克
补充理由：预防腿抽筋，控制血压
主要食物来源：黑芝麻、牛奶、鸡蛋、鱼、虾、豆制品等

10

 饮品　柠檬汁

柠檬含有丰富的维生素C，以及人体必需的钙、镁、磷、钾、铁等矿物质和膳食纤维，对保护血管、降低血压有很好的效果，有助于准妈妈预防和控制妊娠高血压综合征。

原料： 柠檬1个，白糖适量。

做法： ❶柠檬洗净去皮，去核，切小块，放入碗中加白糖浸4小时。❷用榨汁机榨汁，饮用前可根据个人口味，加水或少许白糖。

关键营养素：维生素C
每日建议摄取量：130毫克
补充理由：有助于增加血管的弹性，降低血压
主要食物来源：柠檬、猕猴桃、草莓、西红柿、甜椒等

5

维生素C对抗牙龈出血

怀孕后，尽管很注重营养素补充，刷牙时也很小心，但牙龈还是会经常出现出血，这时候，你该补充维生素C了。

很多准妈妈会出现牙龈红肿、出血等症状，这就要警惕是牙龈炎了。这是由于怀孕后准妈妈体内激素水平改变，使牙龈毛细血管扩张、弯曲，弹性减弱，导致血液瘀滞和血管壁渗透性增强造成的。如果还缺乏维生素C，牙龈炎的症状就会更严重，刷牙时也会经常出现牙龈出血。

常吃橙子能缓解牙龈出血，橙子富含的维生素C能增强牙龈部位毛细血管的弹性，预防牙龈肿胀出血和牙床溃烂松动。

营养要点

预防和治疗牙龈出血，准妈妈要多吃富含维生素C的新鲜果蔬，适当补铁，尽量少喝碳酸饮料和含糖饮品。此外，还要注重口腔清洁，每日早晚要各刷牙1次，动作要轻柔；饭后要漱口，冲洗掉齿间和口腔中的食物残渣，防止滋生细菌。

重点补充：维生素C

补充维生素C不仅能增强准妈妈的抵抗力，防治坏血病，还能增强毛细血管的弹性，预防牙龈肿胀出血、牙床溃烂松动。所以准妈妈在饮食上要注意补充维生素C，可以适当多吃一些猕猴桃、柳橙、苹果、草莓、樱桃和西红柿、黄瓜、青菜、甜椒、西蓝花等果蔬。

补维生素C的食物，每天至少吃两次

一般来说，准妈妈不需要额外服用维生素C补充剂，因为从一日三餐中能很容易获得充足的维生素C需求量。但是通过饮食补充维生素C时，准妈妈要注意，摄入的维生素C在体内只会停留4小时，经过代谢之后就会通过尿液排出，所以每日至少需要补充两次，才能维持身体的正常代谢。此外，准妈妈还要注意不同食物中维生素C的含量和吸收率的不同，以及蔬菜在烹制过程中会流失一部分维生素C，避免由于计算偏差而造成维生素C摄入量不足。

补铁、补钙也重要

防治牙龈出血时，准妈妈除了重点补充维生素C外，还要补铁和补钙。如果准妈妈牙龈出血较多，应该适当多吃一些含铁丰富的食物，如黑木耳、黑芝麻、猪肝、牛肉、干贝等，以便于补血。

补钙有助于坚固牙齿，预防龋齿、牙齿松动，准妈妈可以适当多吃些牛奶、豆制品、虾、鱼等含钙丰富的食物。

少吃刺激性的食物

除了补充关键的维生素C、钙和铁之外，准妈妈的饮食还要注意少吃辛辣、酸甜、冰冷、坚硬的食物。火锅、碳酸饮料、糖分高的蛋糕、冰激凌、烤馍片等食物，或者刺激牙龈，导致牙龈疼痛出血，或者有损牙齿的健康，准妈妈都应该尽量避免食用。

淡盐水漱口

准妈妈在饭后及时漱口，有助于清除口腔中的食物残渣，防止滋生细菌和出现口臭。与清水相比，淡盐水有消炎杀菌的作用，漱口清除口腔细菌、预防孕期牙龈炎的效果要更好。准妈妈在咽喉肿痛的时候，也可以喝一点淡盐水或用淡盐水含漱咽部，能起到很好的消炎止痛作用。

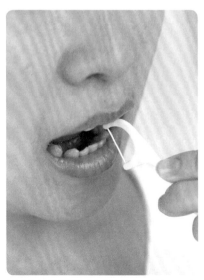

每个牙面用牙线上下剔刮4~6次，用力不要过大，也不要压到龈沟以下过深的组织里，以免损伤牙龈。

用牙线全面清洁牙齿

准妈妈每周至少要用牙线清洁牙齿两次，因为用牙刷刷牙或用牙签时，常常会有一些死角。而牙线则可以把牙刷、牙签等洁齿工具够不到的地方的食物残渣、牙菌斑和软牙垢清洁干净，起到很好的牙齿保健作用。

准妈妈要选择正规安全的牙线，使用时，不要太用力，也不要压到龈沟以下过深的组织里，以免伤及牙龈。此外，牙线是一次性用品，不能重复使用，也不能用牙线代替正常的刷牙和漱口。

牙疼了赶紧看牙医

牙龈出血虽然不会直接影响准妈妈和胎宝宝的健康，但如果出现牙龈经常性出血并引发疼痛、牙疼、牙齿松动、牙龈肿胀、敏感、萎缩、持续口臭等症状，准妈妈就要立即去看牙医了，避免轻微的牙龈出血发展成严重的牙周炎。

怀孕4~6个月治疗口腔疾病

准妈妈检查口腔疾病的最佳时期是在怀孕4~6个月的时候，因为这时候准妈妈的身体状况和胎宝宝的发育状况都比较稳定，准妈妈的活动也不是特别受影响。如果发现了口腔疾病，尽量在这段时间内治疗。

📖 营养问答

牙龈出血时能吃零食吗

牙龈出血时准妈妈是可以吃零食的，但要选择那些不容易在口腔里产生食物残渣的食物。不要吃饼干、烤馍片等零食，避免进一步刺激牙龈和造成牙龈感染。建议适当多吃一些维生素C含量高的水果，帮助准妈妈增强抵抗力，缓解牙龈出血和预防牙龈感染。

患有牙龈炎能用消炎牙膏吗

为了不影响胎宝宝的健康，准妈妈即使面临牙龈肿胀、疼痛、出血等症状，也不建议使用一些药物牙膏，特别是强消炎的牙膏。可以选用专供准妈妈使用的富含木糖醇或添加维生素C的无氟配方牙膏，牙膏的气味也应该以清新淡雅的纯植物气味为好。这类牙膏品质温和安全，一般不会添加化学物质和有害物质。

孕期能拔牙吗

准妈妈在孕期最好不要拔牙，因为拔牙要用麻药，对胎宝宝会有一定的影响。而且拔牙后需要一段时间的恢复期，必然会影响进食，对胎宝宝的营养素获取就是一个考验。但如果准妈妈牙病严重，一定要拔牙，那么孕4~6个月的时候胎宝宝最稳定，可考虑在此阶段治疗。一般还是建议保守治疗，直到分娩后再考虑拔牙。

营养食谱

菜品 甜椒牛肉丝

甜椒富含维生素C，有效帮助准妈妈增强毛细血管的弹性，预防和缓解牙龈出血。牛肉是准妈妈补脾和胃、益气补血的常备食物。

原料： 牛里脊肉100克，甜椒200克，料酒、水淀粉、蛋清、姜丝、盐、高汤、甜面酱、植物油各适量。

做法： ❶牛里脊肉洗净，切丝，加盐、蛋清、料酒、水淀粉拌匀；甜椒洗净，去子，切丝；高汤、水淀粉调成芡汁。❷油锅烧热，放入牛肉丝炒散，放入甜面酱，加甜椒丝、姜丝炒香，调入芡汁，翻炒均匀即可。

关键营养素：维生素C
每日建议摄取量：130毫克
补充理由：维生素C能增强准妈妈毛细血管的弹性，预防和缓解牙龈出血
主要食物来源：甜椒、猕猴桃、草莓、西红柿等

10

粥 百合粥

百合富含碳水化合物和维生素C，能增强毛细血管的弹性，百合还有清热去火的功效。这道粥对改善准妈妈牙龈出血的症状很有帮助。

原料： 鲜百合30克，大米100克，冰糖适量。

做法： ❶鲜百合洗净，掰成瓣；大米洗净。❷将大米放入锅内，加适量水用大火烧沸后，转用小火煮，快熟时，加入百合、冰糖，煮成稠粥即可。

关键营养素：碳水化合物
每日建议摄取量：孕期不低于150克
补充理由：为准妈妈和胎宝宝提供热量，充足的热量有助于铁的吸收
主要食物来源：百合、大米、小米、面食、新鲜水果等

30

菜品 猪肝拌黄瓜

猪肝含铁、钙和优质蛋白质，对准妈妈补血和增强体质很有帮助。黄瓜富含维生素C，有助于预防和缓解牙龈出血。

原料： 猪肝250克，黄瓜半根，香菜末、盐、酱油、醋、香油各适量。

做法： ❶猪肝洗净，煮熟，切成薄片；黄瓜洗净，切片。❷将黄瓜摆在盘内垫底，放上猪肝，再淋上酱油、醋、香油，撒上盐、香菜末即可。

关键营养素：铁
每日建议摄取量：孕早期15~20毫克，孕中晚期20~30毫克
补充理由：补铁能帮助准妈妈补血，增强准妈妈和胎宝宝的抵抗力
主要食物来源：猪肝、牛肉、瘦肉等

10

 主食 **芦笋蛤蜊饭**

蛤蜊富含锌、蛋白质、钙、碘等营养素。这道主食不仅鲜香美味，还有助于准妈妈增强抵抗力，促进胎宝宝健康发育。

原料： 芦笋3根，蛤蜊150克，海苔丝、姜丝、大米、醋、白糖、盐、香油各适量。

做法： ❶ 将芦笋择洗干净，切段；蛤蜊洗净后加水煮熟；大米洗净。❷ 将大米放入电饭锅中，加适量水，用姜丝、醋、白糖、盐拌匀，再把芦笋铺在上面一起煮熟。❸ 将米饭盛出，放入蛤蜊、海苔丝，加香油拌匀即可。

关键营养素：锌
每日建议摄取量：20毫克
补充理由：孕早期补锌，能提高准妈妈的抵抗力，预防胎宝宝畸形
主要食物来源：蛤蜊、虾、牛肉、花生、燕麦

 30

 汤 **香菇豆腐汤**

香菇有助于准妈妈维持正常的免疫功能。豆腐是补钙和蛋白质的理想食物。这道汤口味鲜香，营养丰富，适合准妈妈食用。

原料： 豆腐100克，香菇、冬笋、豌豆、虾仁各50克，葱花、姜末、盐、香油、植物油各适量。

做法： ❶ 将豆腐切小块；豌豆洗净；香菇洗干净浸泡，切丁；虾仁洗净，切丁；冬笋去皮洗净，切丁。❷ 油锅烧热，爆香葱花、姜末，下豌豆、冬笋、虾仁翻炒，加适量水，烧沸，加入豆腐、香菇，再次烧沸，加盐调味，淋上香油即可。

关键营养素：钙
每日建议摄取量：孕早期800毫克，孕中期1000毫克，孕晚期1200毫克
补充理由：补钙有助预防牙齿松动龋齿
主要食物来源：豆制品、牛奶、鸡蛋、鱼、虾等

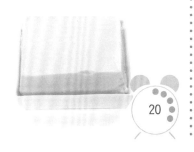 20

 饮品 **水果拌酸奶**

酸奶是补充蛋白质的理想食物，草莓、黄瓜可以为准妈妈补充丰富的维生素C。这道饮品非常适合准妈妈用来缓解牙龈出血。

原料： 酸奶100克，香蕉、草莓、梨、黄瓜各适量。

做法： ❶ 香蕉、黄瓜、梨洗净，去皮切块；草莓洗净，去蒂切块。❷ 倒入酸奶拌匀即可。

关键营养素：蛋白质
每日建议摄取量：孕早期70~75克，孕中期80~85克，孕晚期85~100毫克
补充理由：有助于增强准妈妈的抵抗力
主要食物来源：酸奶、牛奶、鸡蛋、鱼、虾、豆制品等

 5

水肿了，仍要适量喝水

从孕6月开始，你可能发现腿部开始出现水肿，其实这是正常的孕期现象。一般不会带来危害，充分休息和合理饮食，就能有效地消除水肿。

孕期水肿一般在孕7~8月最为明显，用手指按压水肿部位，皮肤明显下凹而不会立即恢复。水肿症状多出现在下肢，这就是生理性水肿。生理性水肿和体内的水分增加、盆腔静脉受压、下肢静脉回流受阻有关。整个孕期准妈妈的体液会增加6~8升，大部分会贮存在组织中造成水肿，特别是到了孕晚期。

坐着的时候把脚抬高能缓解水肿症状，因为这样能使下肢积存的静脉血更容易回到心脏。坐在床上的时候，可以用坐垫把脚垫高。

营养要点

出现生理性水肿，准妈妈的饮食要适当增加钾、蛋白质、铁的摄入，减少钠的摄入，还要多吃新鲜蔬菜和水果。另外，水肿并不是喝水过多所导致的，而是因为子宫压迫或是摄取过多盐分，导致体内水分滞留，所以准妈妈仍然要适量喝水。

重点补充：钾

钾多存在于细胞内，与细胞外体液相互协调，维持血液和体液的酸碱平衡、体内水分平衡和渗透压的稳定。钾还能抑制钠在肾小管的吸收，促进钾从尿液中排出，起到缓解水肿的作用。所以准妈妈出现水肿时，可以多吃一些富含钾的食物，如香菇、红枣、土豆、山药、带鱼、香蕉等。

缺钾和高钾都有危害

准妈妈每日摄入的钾量应该在2500毫克左右，补钾对准妈妈缓解水肿有重要作用，但也不能补充过量，过量和不足都会带来很大危害。准妈妈如果因缺钾出现低钾血症，就会精神萎靡、全身无力、反应迟钝、头昏眼花。此外，缺钾还会使准妈妈的胃肠蠕动减慢，加重厌食感，出现恶心、呕吐、腹胀等症状，造成钾流失更加严重，形成恶性循环。而一旦补钾过量，血清中钾的含量超过5.5毫摩尔/升，就会出现高钾血症，导致心动过缓、心律不齐、血压起伏。

低盐饮食

钠盐是准妈妈摄取钠的主要途径，正常情况下，准妈妈每日的摄盐量应该控制在5克以内。如果吃盐过多，就会加重水肿，还会使血压升高，出现蛋白尿症状，甚至引起心力衰竭等疾病。用钾盐代替一部分钠盐也是不错的选择。除此之外，准妈妈还要少吃味精、酱油、调味汁、咸菜、酱菜、腌肉、香肠、火腿、咸罐头等含盐高的食物。

补充维生素 B₆

除了缓解孕吐、改善神经衰弱、降低血脂等作用外，准妈妈在妊娠期间发生手足水肿、小腿痛等症状，也可以通过服用维生素 B₆ 来缓解。准妈妈可以适当多吃一些鸡蛋、豆类、谷物、葵花子、花生仁、核桃等富含维生素 B₆ 的食物。

水果和蔬菜不能少

准妈妈适当多吃一些水果和蔬菜，对减轻水肿也有一定的作用。水果和蔬菜中含有人体必需的多种维生素和微量元素，可以提高人体的抵抗力，加快新陈代谢，具有解毒、利尿的作用。

病理性水肿要及时看医生

生理性水肿多发在下肢，准妈妈早晨起床时症状不明显，长时间站立后就比较明显。所以准妈妈可以通过合理的休息和饮食，就能有效缓解症状。

而病理性水肿则会发生在准妈妈身体的多个部位，如下肢部位、双手、脸部、腹部等，用手轻按肌肤时，肌肤反应多会呈现下陷、没有弹性、肤色暗蓝等现象。病理性水肿容易导致神经受压，有时还会引起大腿外侧发麻、指尖刺痛，或感觉丧失。所以准妈妈要及时去医院做检查，以免对自己和胎宝宝造成危害。

缓解水肿的小妙招

准妈妈可以用多休息来缓解水肿症状，而休息时的小妙招，会让消肿的效果更好。

第1招：平躺，把脚抬高。平躺后把脚稍稍抬高能够使血液更容易回到心脏，水肿也就比较容易消除了。

第2招：坐着的时候把脚稍稍垫高。为了使腿部积存的静脉血能够回到心脏，坐在椅子上的时候，可以把脚放到小台子上；坐在床上的时候，就用坐垫把脚垫高。

第3招：卧床，尽量用左侧卧位。准妈妈每日卧床休息至少9~10小时，中午最好能休息1小时，左侧卧位利于水肿消退。

水肿时还要适量喝水。 喝水太多并不会导致水肿，而且适量喝水还能缩短代谢废物在体内停留的时间。

水肿时还要保持和之前一样的饮水量吗

准妈妈不要因为水肿而不敢喝水，因为孕期水肿主要是由于子宫增大压迫所致，或摄取过多盐分，盐分中的钠使体内水分滞留导致，并不是喝太多水造成的。所以准妈妈仍要适量喝水，充足的水分能缩短代谢废物在体内停留的时间，有助于准妈妈和胎宝宝的健康。

多吃冬瓜能缓解水肿，是真的吗

是的，冬瓜性寒味甘，水分丰富，有清热解毒、止渴利尿的功效，可以减轻准妈妈的水肿症状。冬瓜含有大量蛋白质、膳食纤维、钙和铁等营养物质，且含糖量极低，进食后不但不会摄入过多碳水化合物，还能帮助去掉体内多余的脂肪。

水肿时不能久坐吗

水肿时的休息是指让腿部处于放松状态，而躺着是效果最好的。久坐和久站一样，都会使下肢处于绷紧和疲劳状态，也会影响血液循环。特别是跷二郎腿，会严重影响下肢的静脉血回流，加重水肿和静脉曲张。准妈妈坐着工作或休息的时候，可以在脚下垫一个矮凳子，尽量把双脚抬高、放平。坐久了应该起来走一走、动一动，这样有助于改善下肢的血液循环。

营养食谱

菜品 香菇炒菜花

香菇富含钾，能促进钠的排出，有很好的缓解水肿的效果，还有助于降血压、降胆固醇、降血脂，很适合准妈妈经常食用。

原料： 菜花250克，干香菇2朵，高汤、盐、葱丝、姜丝、香油、香菜叶、植物油适量。

做法： ❶菜花洗净后掰成小朵，用热水焯一下；干香菇泡发后去蒂、洗净，切丁。❷葱丝、姜丝放入油锅爆香，加入高汤和盐，烧沸后放入香菇和菜花。❸小火煮5分钟后，淋香油，撒上香菜叶即可。

关键营养素：钾
每日建议摄取量：2500毫克
补充理由：钾和钠共同维持细胞内外的平衡状态，能有效预防水肿
主要食物来源：香菇、土豆、山药、苹果、香蕉等

10

主食 紫菜包饭

紫菜含有甘露醇和丰富的钾，可作为治疗孕期水肿的辅助食品。还富含铁、钙，有助于预防缺铁性贫血，能促进胎宝宝骨骼发育。

原料： 糯米150克，鸡蛋1个，紫菜1张，胡萝卜、沙拉酱、醋、植物油各适量。

做法： ❶胡萝卜去皮洗净，切条；糯米洗净，上锅蒸熟，倒入适量醋，拌匀晾凉；鸡蛋打散。❷锅中放少量油，将鸡蛋摊成饼，切丝；将糯米平铺在紫菜上，再摆上胡萝卜条、鸡蛋丝，抹上沙拉酱，卷起，切厚片即可。

关键营养素：铁
每日建议摄取量：孕早期15~20毫克，孕中晚期20~30毫克
补充理由：补铁能帮助准妈妈补血，促进血液循环，有助于缓解水肿
主要食物来源：紫菜、瘦肉、猪肝等

20

汤 鸭肉冬瓜汤

鸭肉有养胃、补肾、消水肿、止热痢、止咳化痰等作用，富含的优质蛋白有助增强准妈妈的抵抗力。冬瓜有利湿消肿、清暑降压之效。

原料： 鸭子1只，冬瓜50克，姜片、盐各适量。

做法： ❶鸭子宰杀，处理干净；冬瓜洗净，去瓤，去皮，切厚片。❷鸭子放冷水锅中大火煮约15分钟，捞出，冲去血沫，放入汤煲内，倒入足量水大火煮沸。❸放入姜片，转小火煲90分钟，倒入冬瓜，煮软，加盐调味即可。

关键营养素：蛋白质
每日建议摄取量：孕早期70~75克，孕中期80~85克，孕晚期85~100克
补充理由：预防因营养不良引起的水肿
主要食物来源：鸭肉、牛奶、鸡肉、鱼、虾、豆制品等

120

 菜品 ## 香菇鸡片

鸡肉富含维生素 B_6、蛋白质，能缓解孕中晚期准妈妈的水肿症状。香菇是钾的极好来源，能促进钠的排出，有助于缓解水肿。

原料： 鸡脯肉100克，干香菇8朵，红椒半个，姜片、盐、高汤、植物油各适量。

做法： ❶干香菇泡发，去蒂，洗净，切片；红椒洗净，去蒂，去子，切片；鸡脯肉洗净，切片，氽水。❷油锅烧热，下鸡脯肉炒至变色，盛出。❸锅内留底油，煸香姜片，放入香菇片和红椒片翻炒，炒软放入高汤烧开，再放盐，倒入鸡脯肉片，再次翻炒，大火收汁即可。

关键营养素：维生素 B_6
每日建议摄取量：2.2毫克
补充理由：补充维生素 B_6，有助于缓解准妈妈的水肿症状
主要食物来源：鸡肉、猪肝、糙米、香蕉、坚果等

 粥 ## 莴笋瘦肉粥

莴笋中钾含量大大高于钠，有利于体内的水电解质平衡，有利水消肿的作用。富含的膳食纤维能有效缓解准妈妈的便秘。

原料： 莴笋50克，大米80克，猪瘦肉150克，料酒、盐、香菇、葱花各适量。

做法： ❶莴笋去皮、洗净，切细丝；香菇泡发，洗净切丁；大米淘洗干净；猪瘦肉洗净，切成末，放入碗内，加少许料酒、盐，腌10分钟。❷锅中放入大米，加适量水，大火煮沸，加入莴笋丝、猪肉末、香菇丁，改小火煮至米烂时，加盐、葱花搅匀即可。

关键营养素：膳食纤维
每日建议摄取量：20~30克
补充理由：适量的膳食纤维有助于胃肠蠕动，促进食物消化，防治便秘
主要食物来源：莴笋、红薯、芹菜、空心菜、苹果等

饮品 ## 黑豆红糖饮

黑豆富含多种营养素，又具有多种生物活性物质，具有消肿下气、活血利水、补肾解毒的作用。红糖是补铁的理想食物。

原料： 黑豆、蒜瓣、红糖各50克。

做法： ❶将黑豆洗净，浸泡12个小时；蒜瓣清洗干净。❷黑豆与蒜瓣、红糖同放锅中，加适量水，用小火煮至黑豆熟透时即可。

关键营养素：铁
每日建议摄取量：孕早期15~20毫克，孕中晚期20~30毫克
补充理由：有助于缓解水肿
主要食物来源：红糖、牛肉、瘦肉、猪肝、紫菜等

孕期"爱上火"，饮食有技巧

如果一直口干舌燥，脸上还长出了痘痘，这表示你"上火"了。这时候你需要多喝水，多吃一些祛热泻火的食物，就能很快赶走这些烦恼。

"上火"是一种通俗的说法，在医学上被认为是炎症，是由于各种细菌、病毒入侵，或者是积食、排泄功能出现问题导致的。上火分为虚火和实热两种，准妈妈由于气血旺盛，上火一般多为实热，症状常表现为：口干舌燥，咽喉干痛，皮肤容易长痘痘，手心、足心发烫，小便较少、便秘、晚上睡不着等。

上火时适合吃西瓜，西瓜性凉，有生津止渴、清热去火、除腻消烦的作用，但吃多了容易伤脾胃，引起腹胀、腹泻、食欲下降。

营养要点

上火的准妈妈，饮食要以高蛋白、清淡易消化为原则。每日可以少食多餐，以瘦肉、鱼类、蛋类、牛奶、面条、豆浆、新鲜的水果和蔬菜为佳。同时尽量不要食用油腻、辛辣刺激以及大补的食物，避免加重上火症状。此外，多喝水也有助于降火。

可以适当吃些草莓

草莓不但酸甜可口，而且富含维生素C、B族维生素、果胶和钾、铁、磷、钙等营养素，有清热去火、消暑除烦的作用，准妈妈可以适当吃一些。建议准妈妈吃当季的新鲜草莓，而且要适量，因为很多草莓的种植过程中会用到激素，少量食用问题不大。

吃些西瓜去去火

西瓜性凉，准妈妈可以在上火期间吃些西瓜，有生津止渴、清热去火、除腻消烦的作用，对止吐也有较好的效果。西瓜还含有丰富的钾，能补充准妈妈体内缺乏的钾，准妈妈在孕中晚期常会发生程度不同的水肿和血压升高，常吃些西瓜，不但可以利尿去肿，还有降低血压的功效。西瓜虽然有很多优点，但吃多了容易伤脾胃，引起腹胀、腹泻、食欲下降等，所以准妈妈吃西瓜要适量，特别要注意不能吃冰箱冷藏的西瓜。另外，西瓜含糖比较高，患有妊娠期糖尿病的准妈妈也不宜多吃。

试着吃些苦味食物

苦味食物有解热祛暑、消除疲劳的作用，如果不是特别抗拒苦味食物，准妈妈可以试着吃一些。最佳的苦味食物首推苦瓜，凉拌、清炒或烧汤都可以，但不宜多吃。

苦荞含有黄酮类物质，其主要成分为芦丁，具有降低毛细血管脆性、改善微循环的作用，还被用来辅助治疗妊娠期糖尿病和妊娠高血压综合征。此外，芦笋、莲子、芥蓝、莴笋等，也能清热解暑，有不错的去火功效。

吃西红柿有帮助

西红柿富含维生素C、胡萝卜素、蛋白质、微量元素等，并且含有大量水分，吃一些西红柿有助于去火。但西红柿含有大量的胶质、果质、柿胶粉、可溶性收敛剂等成分，这些物质容易与胃酸结成不易溶解的块状物，常引起腹痛，所以准妈妈不能空腹吃西红柿。西红柿也不宜长久加热烹制，这会影响营养和口感。

炖一碗梨汤

梨清甜可口、香脆多汁，具有清热润肺、润喉降压、止咳祛痰、消炎镇痛的作用。常吃炖熟的梨，能增加口中津液分泌，防止口干舌燥，有很显著的去火功效。准妈妈可以把梨洗净去皮，切成小块或片，加适量水煮开，放温凉后连梨带汤都吃下去，具有去火、清热、解毒的作用。

用绿豆煮汤、煮粥

绿豆性味甘寒，富含淀粉、脂肪、蛋白质、多种维生素及锌、钙等矿物质，有清热解毒、消暑止渴、利水消肿的功效。准妈妈在上火或夏季适当吃些绿豆汤、绿豆粥，可以起到清除胎毒、补充营养的作用，这些也是准妈妈补锌及防治妊娠水肿的食疗佳品。但绿豆性凉，如果是体寒、腹泻的准妈妈，就不宜食用绿豆。

不要小瞧上火

一些准妈妈觉得，上火也算不上很大的事，多喝点水就行了。和妊娠期糖尿病、妊娠高血压综合征等相比，上火确实不算是"大事"，但是，上火如果不受重视或不及时治疗，就很可能发展成大病。

首先，上火会大大影响准妈妈的正常进食，还会导致腹胀、腹痛等，也会妨碍胎宝宝对营养素的获取。

其次，上火不仅影响准妈妈的情绪，降低睡眠质量，还会让体内的代谢物无法及时排出，时间久了就会在胃肠道产生毒素，降低准妈妈的抵抗力，风寒和各类病毒就会乘虚而入，引发感冒、咽炎等，危害准妈妈和胎宝宝的健康。

适当喝些菊花茶能帮助清热去火、清肝明目，不过菊花茶性微寒，准妈妈不能喝太多，也不宜泡得太浓。

📖 营养问答

喝牛奶会加重上火，是真的吗

很多人认为喝牛奶会加重上火，引起烦躁，其实，喝牛奶不仅不会上火，还能解热毒、去肝火。中医认为牛奶性微寒，可以通过滋阴、解热毒来发挥去火功效，而且牛奶中含有高达70%左右的水分，还能补充准妈妈因大量出汗而损失的水分。需要注意的是，不要把牛奶冻成冰块食用，否则很多营养成分都将被破坏。

上火了能喝菊花茶吗

菊花具有清肝明目、清热去火的作用，准妈妈上火的时候，是可以适当喝一些菊花茶的，并不会影响准妈妈和胎宝宝的健康。不过菊花性微寒，所以菊花茶要泡得清淡，而且也不要喝太多。准妈妈如果脾胃虚寒，就不要喝菊花茶了。

睡得晚也能引起上火，是真的吗

是的。因为夜间23点到凌晨1点是气血回流到肝脏的时间，如果不睡，等于强迫肝脏持续工作。如果是在炎热的夏季，就很容易表现出"该睡不睡，情绪烦躁"的情况。所以对于准妈妈来说，一定要保证早睡早起，规律作息，才能避免由此引起的上火。

营养食谱

菜品 豆腐干炒芹菜

芹菜富含膳食纤维、维生素和钙、铁、磷等营养素，还能安神、去火。豆腐干含蛋白质较高，脂肪较低，且多为不饱和脂肪酸。

原料：芹菜350克，豆腐干1块，葱丝、姜片、盐、植物油各适量。

做法：❶将芹菜去叶、洗净，在开水中略焯一下，切段；豆腐干洗净，切条。❷油锅烧热，放入葱丝、姜片煸香，再加入豆腐干煸炒，最后放芹菜段、盐，翻炒2~3分钟即可。

关键营养素：膳食纤维
每日建议摄取量：20~30克
补充理由：适量的膳食纤维有助于胃肠蠕动，促进食物消化，减少废弃物、毒素在体内的积存
主要食物来源：芹菜、红薯、空心菜、苹果等

粥 绿豆粥

绿豆性味甘寒，有清热解毒、消暑止渴、利水消肿的作用。准妈妈可以在上火时或炎热的夏季适当吃绿豆粥。

原料：绿豆30克，大米80克。
做法：❶将大米、绿豆淘洗干净，放入锅中，加适量水。❷大火烧沸后转小火，将粥煮熟即可。

关键营养素：碳水化合物
每日建议摄取量：孕期不低于150克
补充理由：孕期必须保证碳水化合物的摄入，为准妈妈补充能量
主要食物来源：大米、小米、面食、新鲜水果等

汤 银耳雪梨汤

雪梨有清肺化痰、生津润燥、养血生肌的作用，火龙果可以缓解上火引起的口干、便秘等，银耳富含天然胶质，有滋阴、解毒的作用。

原料：火龙果、雪梨各50克，银耳5朵，冰糖、枸杞子各适量。
做法：❶银耳用温水泡发，洗净后撕小朵；火龙果、雪梨均洗净，去皮，果肉切块；枸杞子洗净，泡发。❷将火龙果、雪梨、银耳、冰糖放入锅中，加适量水，大火煮沸，转小火熬煮30分钟。❸汤熬好后，撒上枸杞子即可。

关键营养素：钾
每日建议摄取量：2500毫克
补充理由：钾和钠共同维持细胞内外的平衡状态，维持代谢的正常运行
主要食物来源：银耳、香菇、土豆、山药、香蕉等

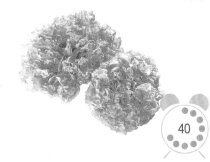

15

30

40

菜品 **清蒸鲈鱼**

鲈鱼富含蛋白质、维生素B₂、烟酸、磷、铁等物质,具有补肝肾、益脾胃、化痰止咳的功效。鲈鱼肉热量不高,且富含抗氧化成分。

原料: 鲈鱼1条,香菜段、姜丝、葱丝、盐、料酒各适量。

做法: ❶鲈鱼去除内脏,洗净,在鱼身两侧划上花刀后放入盘中。❷把姜丝、葱丝一起码在鱼身上,加入盐、料酒。❸盘放入蒸锅内,水煮沸后蒸8~10分钟,鱼熟后立即取出,饰以香菜段即可。

关键营养素:蛋白质
每日建议摄取量:孕早期70~75克,孕中期80~85克,孕晚期85~100克
补充理由:补充蛋白质要适量,摄入过多极易引起身体不适
主要食物来源:鱼、虾、牛奶、鸡肉、豆制品等

15

主食 **牛奶米饭**

牛奶有解毒去肝火的作用,且能促进胎宝宝骨骼和大脑的生长发育。碳水化合物能为准妈妈和胎宝宝的发育补充能量。

原料: 大米100克,牛奶1袋(250毫升)。

做法: ❶将大米淘洗干净,放入电饭煲内,加牛奶和适量水。❷煮成米饭即可。

关键营养素:钙
每日建议摄取量:孕早期800毫克,孕中期1000毫克,孕晚期1200毫克
补充理由:促进胎宝宝骨骼、牙齿发育,还有助于准妈妈预防腿抽筋
主要食物来源:牛奶、鸡蛋、鱼、虾、豆制品等

30

饮品 **草莓汁**

草莓酸甜开胃,有清热去火、消暑除烦的作用。常吃草莓还有助于准妈妈预防和控制妊娠高血压综合征。

原料: 草莓150克,蜂蜜适量。

做法: ❶将草莓洗净,去蒂,放入榨汁机中,加适量温开水榨取汁液。❷汁倒入杯子内,加入蜂蜜调和即可。

关键营养素:维生素C
每日建议摄取量:130毫克
补充理由:维生素C能增强准妈妈的抵抗力,有助于增加血管的弹性,降低血压
主要食物来源:草莓、猕猴桃、西红柿、甜椒等

5

静脉曲张，摄取足够的蛋白质

肚子逐渐变大，你常常站一会儿就感觉腿部会有疲劳感。这时候如果不注意休息，就容易引起下肢静脉曲张，导致腿部的不适感更加明显。

静脉曲张会出现在准妈妈的下肢甚至外阴部，一般在孕晚期更加明显。这是因为子宫增大，会对下肢静脉形成压迫，阻碍下肢静脉血回流。而且孕晚期准妈妈的血量增加，活动减少，使得静脉壁变薄，易扩张，尤其是下肢静脉的变化最为显著，所以就很容易出现静脉曲张。

常喝牛奶有助于缓解静脉曲张，牛奶中的蛋白质有助于血液的合成，能促进血液循环；维生素E能预防大细胞性溶血性贫血，能缓解静脉曲张。

营养要点

静脉曲张虽然一般在分娩后可以自行消除，不过为了控制症状发展，减轻不适感，除了多休息，准妈妈要在饮食上应该注重补充足够的蛋白质、维生素E，多吃一些新鲜的蔬果，多喝水。要尽量避免吃高脂肪、高糖和过咸的食物，以防症状加重。

重点补充：蛋白质

充足的蛋白质可以维持体内所有营养物质的平衡，增强准妈妈的抵抗力，还有助于血液的合成，促进血液循环。所以准妈妈要多吃富含优质蛋白质的食物，如牛奶、鸡蛋、鸡肉、牛肉、虾、鱼等动物性食物，豆腐、豆浆等豆制品也含有丰富的植物蛋白，适合准妈妈常吃。

计算好蛋白质的摄入量

补充蛋白质要适量，有的准妈妈大量食用富含蛋白质的鸡蛋、鱼、虾外，还补充蛋白质粉，这是不对的。除非是检查出有低蛋白血症的情况，一般情况下不应该额外补充过多蛋白质。在补充蛋白质的时候，还要避免计算错误，造成摄入量不足。避免把富含蛋白质的食物的进食量，误当成蛋白质的进食量；把蛋白质的进食量，误当做准妈妈的吸收量。比如，蛋白质占鸡蛋重量的14.7%，所以即使吃100克鸡蛋，所进食的蛋白质也仅仅为14.7克，被准妈妈完全吸收的量就更低于14.7克了。

维生素E也重要

维生素E有很强的抗氧化作用，可以延缓细胞衰老，还能够预防大细胞性溶血性贫血。维生素E摄入不足也会诱发静脉曲张，所以准妈妈要常吃富含维生素E的食物，如小米、玉米等全粒粮谷，小麦芽油、豆油等植物油，菠菜、莴笋、紫甘蓝等绿色蔬菜以及蛋类、肉类、鱼类等食物。葵花子富含维生素E，准妈妈每天只要吃2勺葵花子油，即可满足一天所需。

多吃些新鲜果蔬

新鲜的水果和蔬菜含有大量的维生素及矿物质营养素，可以帮助准妈妈改善组织的氧化作用，增加血液循环，提高抵抗力。新鲜的水果和蔬菜中所含的膳食纤维能润肠通便，可防治便秘、痔疮以及下肢静脉曲张，还可以降低血压和胆固醇。

常吃鸡肉有帮助

鸡肉富含蛋白质、B族维生素、卵磷脂、不饱和脂肪酸，营养价值很高。鸡肉肉质细嫩，味道鲜美，有活血脉、健脾胃、强筋骨、温中益气、补虚填精的功效。准妈妈平时可以常吃些鸡肉，对预防和缓解静脉曲张也很有帮助。

喝杯红糖水

准妈妈可以每日喝1杯红糖水，对缓解静脉曲张症状有一定的帮助。红糖性温味甘，入脾，具有益气、缓中、化食的作用，还有缓解疼痛和行血、活血的功效。所以静脉曲张、瘀血、受寒、体虚等，都可以适当吃些红糖。

穿弹性袜

准妈妈专用的弹性袜可以在药店或孕妇服装店买到，对缓解静脉曲张症状很有帮助，也称医用循序减压弹力袜。这种袜子在脚踝处是紧绷的，顺着腿部向上变得越来越宽松，逐级减轻腿部受到的压力，使得血液更容易向上回流入心脏。早晨起床时，准妈妈就可以穿上这种长袜，防止血液被压迫在下肢。

预防和缓解静脉曲张的生活细节

预防静脉曲张，准妈妈最好穿低跟鞋或平底鞋，不要穿过紧的鞋子、袜子、衣服。孕晚期尽量避免长时间站着、坐着或双腿交叉压迫。也不要提重物，以免加重对下肢的压力。休息时可以把双腿抬高，帮助血液回流到心脏。睡觉时应适当垫高下肢，以利于静脉回流；分娩时应防止外阴部曲张的静脉破裂。也不要让下肢处于温度较高的环境，比如火炉旁、水温较高的浴池等，高温会使血管扩张，加重静脉曲张。

穿平底鞋有助于预防静脉曲张。 平底鞋能减轻准妈妈脚部和腿部的压力，使肌肉放松，不仅舒适，而且安全。

营养问答

出现静脉曲张为什么要低盐饮食

准妈妈出现静脉曲张症状时，就要低盐饮食，每日摄入的钠盐应该控制在3~5克以内。这是因为如果摄入的钠盐过多，会导致大量水分在组织里积存，进而导致小腿水肿，对血管造成压迫，加重静脉曲张的症状。

吃菠萝能缓解静脉曲张，是真的吗

菠萝里含有一种菠萝蛋白酶，它能分解蛋白质，溶解阻塞于组织中的纤维蛋白和血凝块，改善局部的血液循环，消除炎症和水肿。不过，吃过多菠萝容易引起胃肠病，对准妈妈和胎宝宝的健康都不利。

患了痔疮时要怎么吃

肛门末端的静脉血管血流不畅，加上便秘，就会很容易引发痔疮，严重影响到准妈妈的坐、行走、排便。这时候准妈妈要多喝水，最好是淡盐水或蜂蜜水，避免粪便干结。多吃些富含膳食纤维的新鲜果蔬和粗粮，如苹果、香蕉、芹菜、全麦面包等，粗细搭配，以促进排便。适当多吃一些富含植物油脂的黑芝麻、核桃等食物，以起到润肠通便的作用。不要吃韭菜、辣椒、胡椒、茴香、大蒜、生姜、大葱等刺激性的食物和调味料，油炸食物和油腻的浓汤也要避免食用。

营养食谱

菜品 鸡脯扒青菜

鸡肉富含蛋白质，能促进血液循环，对缓解静脉曲张有一定的作用。青菜富含膳食纤维、维生素C、钾，有活血化瘀、散血消肿的功效。

原料： 青菜200克，鸡脯肉100克，牛奶、盐、葱花、水淀粉、料酒、植物油各适量。

做法： ❶青菜择洗干净，切段，焯水，捞出过凉水；鸡脯肉洗净，切长片，放入沸水中余烫，捞出。❷油锅烧热，下葱花炝锅，烹料酒，加入盐，放入鸡脯肉和青菜，大火烧开，加入牛奶，用水淀粉勾芡即成。

关键营养素：	蛋白质
每日建议摄取量：	孕早期70~75克，孕中期80~85克，孕晚期85~100克
补充理由：	补充蛋白质有助于血液的合成，促进血液循环，增强抵抗力
主要食物来源：	鸡肉、牛奶、鱼、虾等

10

主食 西葫芦饼

西葫芦富含膳食纤维、钙，能增强准妈妈的抵抗力，还有清热利尿、除烦止渴的功效。常吃西葫芦可以缓解水肿、腹胀、烦渴等症。

原料： 西葫芦300克，面粉300克，鸡蛋2个，盐、植物油各适量。

做法： ❶鸡蛋打散，加盐调味；西葫芦去皮，洗净，切细丝。❷将西葫芦丝、蛋液倒入面粉里，搅拌均匀。❸锅里放油，加入适量面糊，煎成两面金黄的饼即可。

关键营养素：	膳食纤维
每日建议摄取量：	20~30克
补充理由：	适量的膳食纤维有助于胃肠蠕动，促进食物消化，防治便秘
主要食物来源：	西葫芦、红薯、芹菜、苹果等

10

汤 虾仁冬瓜汤

虾仁富含优质蛋白质，冬瓜含有抗氧化和防衰老的维生素C，能增强准妈妈的抵抗力，是防治贫血的重要营养素。

原料： 虾仁6只，冬瓜半个，鸡蛋2个，姜片、盐、白糖、香油、高汤各适量。

做法： ❶虾仁隔水蒸8分钟；冬瓜洗净，去皮，去瓤，切小块，与姜片及高汤同煲15分钟至烂。❷放入虾仁，加盐、白糖、香油，淋入蛋清略煮即可。

关键营养素：	维生素C
每日建议摄取量：	130毫克
补充理由：	增强准妈妈的抵抗力，防止贫血，维护正常的血液循环
主要食物来源：	冬瓜、猕猴桃、草莓、西红柿、甜椒等

25

菜品　松子仁玉米

松子富含的维生素E，对缓解静脉曲张症状有很好的效果。其富含的不饱和脂肪酸，有助于降低血脂和预防心血管疾病。

原料：鲜玉米粒1碗，胡萝卜半根，洋葱半个，豌豆、松子仁、葱花、盐、白糖、水淀粉、植物油各适量。

做法：❶胡萝卜、洋葱去皮洗净，切丁；豌豆、松子仁洗净。❷油锅烧热，放入葱花煸香，然后下胡萝卜丁翻炒，再下洋葱丁、豌豆、鲜玉米粒翻炒至熟，加盐、白糖调味，加松子仁，出锅前用水淀粉勾芡即可。

关键营养素：维生素E
每日建议摄取量：14毫克
补充理由：维生素E的强抗氧化性有助于缓解静脉曲张症状
主要食物来源：松子、植物油、黑芝麻、黄豆等

10

粥　芝麻粥

芝麻中的钾可以将过多的钠离子排出体外，预防妊娠期高血压综合征和缓解水肿。芝麻还富含脂肪，有润肠通便、预防便秘的作用。

原料：黑芝麻、白芝麻各15克，大米100克。

做法：❶黑芝麻、白芝麻在锅内炒熟，碾碎；大米淘洗干净。❷将黑芝麻、白芝麻和大米一同放入锅中，加入适量水，大火煮沸后，转小火熬煮至粥熟即可。

关键营养素：钾
每日建议摄取量：2500毫克
补充理由：有助于维持代谢的正常运行，缓解静脉曲张及水肿症状
主要食物来源：黑芝麻、香菇、土豆、山药、香蕉等

25

饮品　柳橙苹果菠菜汁

苹果酸甜可口，是准妈妈补充维生素C、铁、锌、膳食纤维的理想水果。这道果汁有助于准妈妈补铁补血，能促进消化，预防便秘。

原料：苹果半个，柳橙1个，菠菜1小把，柠檬2片。

做法：❶柳橙、苹果分别洗净，去皮，去子，切成小块；菠菜择洗干净，切小段。❷将柳橙、苹果、菠菜、柠檬放入榨汁机中，加1杯纯净水，榨汁即可。

关键营养素：铁
每日建议摄取量：孕中晚期20~30毫克
补充理由：帮助准妈妈补血，促进血液循环，有助于缓解静脉曲张和水肿
主要食物来源：苹果、牛肉、猪肝等

5

皮肤过敏瘙痒，远离刺激性食物

到了孕中晚期，你可能经常感到皮肤发痒，有时候皮肤上还会出现红斑，甚至影响到晚上的睡眠。在饮食调理时，你就更要远离刺激性食物。

在孕期，准妈妈的免疫系统相对比较弱，很容易出现皮肤过敏瘙痒。准妈妈体内雌激素和孕激素水平升高导致内分泌紊乱，是皮肤瘙痒的重要原因。汗腺及皮脂的分泌功能旺盛，容易使皮肤受到污染。准妈妈的皮肤在孕期很敏感，气候、灰尘、花粉、食物、化妆品等都可能引起皮肤过敏瘙痒。

营养要点

皮肤瘙痒是孕期很常见的一种皮肤病，为了避免影响胎宝宝，准妈妈要及时找出引起过敏瘙痒的过敏原，并且辅以饮食调理。准妈妈宜清淡饮食，不要接触刺激性食物，海鲜或浓茶、咖啡等也要避免。

远离刺激性食物

刺激性食物不单单是辣味食物，还包括各种辛辣调味品，如葱、姜、蒜、辣椒、胡椒粉、咖喱，以及咖啡、浓茶、碳酸饮料和寒凉的食物。在孕期，准妈妈的身体变得很敏感，再加上抵抗力较差，很容易出现皮肤病、过敏症、痔疮等，应该注意远离这些刺激性食物。

鲜枣富含抗过敏的维生素C和环磷酸腺苷。与适合入餐谱的干枣不同，鲜枣很适合准妈妈生吃，每次吃2颗，每日吃3次，对改善皮肤过敏瘙痒很有帮助。

准确找出食物过敏原

虾、贝、牛奶、鸡蛋、花生等是中医学中所说的"发物"，虽然不是刺激性食物，但也容易让过敏体质的准妈妈出现皮肤过敏瘙痒。准妈妈一旦出现由食物导致的皮肤过敏发痒症状，要及时从最近1~2天所吃的食物中找出过敏原，以后避免食用这些易导致过敏的食物。

水果也不属于刺激性食物，但有些准妈妈对芒果、菠萝、石榴等水果有过敏现象，也要注意少吃或不吃。另外，太酸的水果对胃肠道不适的准妈妈也有刺激作用。

补充维生素 C 和维生素 B$_6$

准妈妈的肤质，与皮肤能否随时获得充分的营养素有很大的关系。维生素C和维生素B$_6$是皮肤再生和重建的两种重要营养素，强抗氧化性的维生素C能使皮肤更细腻，维生素B$_6$能预防脂溢性皮炎，防止色素沉积。如果准妈妈的肤质较差，可以适当补充这两种维生素。

此外，摄取较多含有不饱和脂肪酸或亚麻油酸(蔬菜类及鱼类)的食物，也有助于改善准妈妈干涩的皮肤。

每天吃1个苹果

苹果中的胶质和磷、铁、镁等营养素，有补脑养血、宁神安眠作用，能保持血糖的稳定，有效降低胆固醇的作用，还能减少血液中致过敏的物质。因此准妈妈每日吃1个苹果，对预防皮肤过敏瘙痒有一定的作用。苹果中的膳食纤维还可促进肠胃蠕动，可使皮肤细润有光泽，起到美容瘦身的作用。

吃些红枣缓解过敏瘙痒

红枣含有大量抗过敏物质——环磷酸腺苷和维生素C，对改善皮肤过敏瘙痒有一定的作用。准妈妈可以把10颗红枣用水煎服，每日3次，煎水时要把红枣掰开，不要放糖；或者每次生吃鲜枣2颗，每日3次，也很有效。

适当吃些金针菇

金针菇含有丰富的氨基酸和B族维生素，可以抑制哮喘、鼻炎、湿疹等过敏性病症。金针菇能促进新陈代谢，有利于食物中各种营养素的吸收和利用，将重金属离子和代谢产生的废弃物、毒素排出体外。金针菇中还含有一种叫朴菇素的物质，有增强机体对癌细胞的抗御能力。常吃金针菇，还有助于降胆固醇，预防肝脏疾病和肠胃道溃疡。

皮肤过敏瘙痒的日常护理

皮肤出现过敏瘙痒，准妈妈首先要避免抓挠止痒，抓挠会使皮肤损伤，不仅不会缓解瘙痒症状，反而加重瘙痒，甚至还会引发感染。

其次要注意皮肤清洁，坚持每日洗澡，促进皮肤的健康代谢和油脂分泌、汗液排泄的正常进行。然后要做好皮肤保湿，除了多喝水、多吃瓜果蔬菜外，也可以选择准妈妈专用的保湿乳液和隔离霜等护肤品来进行皮肤保湿。

最后穿着要舒适，尽量穿宽松、透气的棉质衣服，让皮肤无障碍地呼吸，不要穿合成纤维的衣物，并且勤换内衣内裤。

吃苹果可以预防皮肤过敏瘙痒，使皮肤细腻有光泽。削皮可以避免苹果上残存的农药对准妈妈和胎宝宝造成伤害。

皮肤过敏瘙痒能用药吗

如果准妈妈的皮肤出现过敏瘙痒症状，一般不会对胎宝宝造成影响，但是治疗起来比较麻烦，一般建议通过饮食和日常护理来缓解症状。因为有些药物可以通过准妈妈的皮肤进入胎盘，妨碍胎宝宝的生长发育，或者直接损害某些器官。准妈妈如果出现皮肤过敏瘙痒，应该及时去医院就诊，不要擅自用药。

孕中晚期肚皮发痒该怎么缓解

在孕中晚期，准妈妈的肚子被增大的子宫撑大，皮肤的弹力纤维被拉开，形成妊娠纹，妊娠纹部位就会有痒感。准妈妈一旦出现肚皮发痒，千万不能随意抓挠，可以涂抹保湿乳液，轻轻抚摸。给肌肤补水的同时，增加肌肤的弹性，使皮肤的延展性变大。

头皮经常发痒怎么办

油性发质的准妈妈头皮容易出油，特别是在炎热的夏季。如果头皮出油再加上灰尘、污垢、汗水，就更容易引起头皮发痒。这时候应该选择止痒去屑、适合油性发质的干爽型洗发水，增加洗发的频率。此外，生活作息不规律、睡眠不足、压力过大、饮食营养素不均衡等，都可能导致头皮发痒加重，所以准妈妈首先要保持良好的生活习惯、饮食习惯。

营养食谱

菜品 丝瓜金针菇

丝瓜具有清热解毒、行血脉、美容等功效。金针菇富含B族维生素、多种氨基酸，可以抑制哮喘、鼻炎、湿疹等过敏性病症。

原料： 丝瓜150克，金针菇100克，盐、水淀粉、植物油各适量。

做法： ❶ 丝瓜洗净，去皮切条。❷ 金针菇洗净，放入沸水中略焯一下，立即捞出，沥干。❸ 油锅烧热，放入丝瓜条翻炒，再放入金针菇翻炒，用盐调味，出锅前用水淀粉勾芡即可。

关键营养素：维生素 B_6
每日建议摄取量：2.2毫克
补充理由：补充维生素 B_6，能预防脂溢性皮炎，改善准妈妈的肤质
主要食物来源：金针菇、鸡肉、糙米、香蕉、坚果等

10

粥 香菇红枣粥

红枣含有丰富的维生素C、氨基酸和大量抗过敏物质——环磷酸腺苷，对改善皮肤过敏瘙痒有一定的作用。

原料： 香菇2朵，红枣5颗，鸡肉50克，大米100克，盐适量。

做法： ❶ 香菇、鸡肉、红枣、大米均洗净；香菇泡发，去蒂，切丁；鸡肉切丁。❷ 把大米、红枣、香菇丁、鸡肉丁放入锅内，加入盐和适量水，熬煮成粥。

关键营养素：维生素C
每日建议摄取量：130毫克
补充理由：维生素C有很强的抗氧化能力，能增强孕妈妈的抵抗力
主要食物来源：红枣、猕猴桃、草莓、西红柿等

25

菜品 虾米白菜

虾米是准妈妈补充锌、钙、优质蛋白质的理想食物，补锌能增强准妈妈的抵抗力，预防脱发、发疹、多发性皮肤伤害、口睑发炎。

原料： 白菜半棵（只取白菜帮），虾米、盐、水淀粉、植物油各适量。

做法： ❶ 将白菜帮洗净，切成长条，下入开水锅中烫一下，捞出控水备用；虾米泡开，择洗干净控干。❷ 油锅烧热，放虾米炒香，再放白菜帮快速翻炒至熟，加盐调味，用水淀粉勾芡即可。

关键营养素：锌
每日建议摄取量：20毫克
补充理由：补锌，能预防发疹、多发性皮肤伤害，提高准妈妈的抵抗力
主要食物来源：虾、牛肉、花生、燕麦、苹果等

10

汤　鲤鱼冬瓜汤

鲤鱼富含优质蛋白质，常吃对准妈妈的健康和胎宝宝的骨骼发育极为有利。冬瓜中的膳食纤维能防治便秘，清除体内的代谢物和毒素。

原料： 鲤鱼300克，冬瓜250克，葱段、盐各适量。

做法： ❶鲤鱼处理干净；冬瓜去皮，去瓤，洗净，切成薄片。❷将鲤鱼、冬瓜、葱段同放锅中，加适量水，大火烧沸，转小火炖煮约20分钟，熟后加盐即可。

关键营养素：蛋白质
每日建议摄取量： 孕早期70~75克，孕中期80~85克，孕晚期85~100克
补充理由： 有助于合成和修复表皮细胞，增强抵抗力
主要食物来源： 鱼、牛奶、鸡肉、虾等

25

主食　三鲜水饺

吃虾有助于调节准妈妈的心血管系统，还能增强抵抗力。虾肉肉质松软、味道鲜美、容易消化，不过对虾过敏的准妈妈要慎食。

原料： 猪肉200克，海参1个，虾仁12个，水发黑木耳3朵，饺子皮20个，葱花、姜末、香油、料酒、盐各适量。

做法： ❶猪肉洗净，剁成肉泥，加适量水，搅打至黏稠，再加洗净切碎的海参、虾仁、黑木耳，然后放入料酒、盐、葱花、姜末和香油，拌匀成馅。❷饺子皮包上馅料，捏成饺子；下锅煮熟即可。

关键营养素：钙
每日建议摄取量： 孕早期800毫克，孕中期1000毫克，孕晚期1200毫克
补充理由： 促进胎宝宝骨骼、牙齿发育
主要食物来源： 虾、牛奶、鸡蛋、鱼、豆制品等

45

饮品　菠菜香蕉奶汁

菠菜富含维生素C和铁，是准妈妈补铁的重要植物性食物。香蕉有助于预防妊娠高血压综合征和缓解水肿，还有缓解疲劳的作用。

原料： 菠菜50克，香蕉1根，牛奶1杯，熟花生碎适量。

做法： ❶菠菜择洗干净，去根，切碎；香蕉剥皮，切段。❷将菠菜与香蕉放进榨汁机中，加牛奶榨汁，汁成撒上熟花生碎即可。

关键营养素：铁
每日建议摄取量： 孕中晚期20~30毫克
补充理由： 促进血液循环，增加抵抗力，使皮肤红润有光泽
主要食物来源： 菠菜、牛肉、猪肝、紫菜、苹果等

5

出现尿频，少吃利尿的食物

肚子越来越大，你发现自己排尿的次数明显增多了，夜间会频繁起床跑厕所。其实尿频是正常的孕期现象，少吃利尿的食物在一定程度上就能缓解。

孕早期的尿频是由于准妈妈体内的激素水平发生变化引起的。孕晚期的尿频主要有两大原因：一是快速发育的胎宝宝产生的大量代谢物要由母体排出，因此增大了准妈妈肾脏的工作量，使尿量增加；二是随着子宫不断增大，膀胱受到压迫，膀胱的容量减少，准妈妈就很容易产生尿意。

营养要点

出现尿频时，准妈妈就要避免食用有利尿作用的食物，同时还要保证每日有足够的饮水量。多吃一些温补肾气的食物，如黑豆、栗子、山药等。尿频时，体内失钾较多，所以还应补充含钾丰富的食物，如香菇、白菜、花生、核桃、香蕉等。

少吃利尿的食物

绿豆、冬瓜、萝卜、西瓜、海带等食物，具有利尿排湿的作用，吃多了会加重尿频症状。所以尿频的准妈妈，应该尽量少吃这些食物。像玉米须、荷叶、茯苓等利尿的中药，更应该避免食用。

睡前少喝水可以让准妈妈睡得更好。由于膀胱受到挤压而容量变小，睡前喝大量水，会使准妈妈在夜间频繁起来上厕所，极大地影响睡眠质量。

睡前不要喝太多水

准妈妈尿频现象的出现，与膀胱受到子宫的压迫有关。所以准妈妈不应该减少饮水量，每日还是要补充足量的水，绝对不能因为尿频就主动减少饮水量。

在白天，准妈妈最好每2小时就喝1杯水，每日要喝6~8杯水，大概在1200~1600毫升。不过到了晚上，准妈妈如果睡前喝了较多的水，夜间就会频繁醒来上厕所，极大地影响睡眠质量。所以准妈妈在保证每日足够饮水量的前提下，应该控制睡前的饮水量，最好在睡前2小时内不喝水。

别忘了补钾

钾是维持血液和体液的酸碱平衡、体内水分平衡和渗透压稳定的关键营养素之一。细胞内的钾与细胞外体液相互协调，能促进过多的钠通过尿液排出体外。在尿频的时候，体内大量的钾会随着尿液排出，准妈妈或多或少会缺钾。所以尿频的准妈妈还应该及时补充钾，适当多吃一些含钾丰富的食物，如香菇、白菜、山药、土豆、花生、核桃、香蕉等。

吃些核桃有帮助

核桃很适合肺肾两虚、气血不足的准妈妈食用，尿频的准妈妈也可以适当多吃一些核桃。核桃含有丰富的蛋白质、脂肪和矿物质营养素，特别是钾的含量很高，每100克核桃含钾385毫克，适当多吃有助于及时补充因尿频而大量流失的钾。

糯米和黑米能缓解尿频

尿频的准妈妈可以适当吃些糯米或黑米。糯米富含B族维生素，有温暖脾胃、补中益气的功效。对脾胃虚寒、食欲不佳、腹胀腹泻有一定缓解作用，对尿频、盗汗也有较好的食疗效果。黑米具有滋阴补肾、健脾暖肝、明目活血的疗效，对咳嗽、尿频、肾虚水肿、食欲缺乏、脾胃虚弱有很好的疗效。

不要憋尿

准妈妈憋尿虽然对胎宝宝没有什么影响，但却对自己有影响。准妈妈本身的肾脏负担已经很重了，如果憋尿，会加重肾脏的负担，容易引起肾脏问题。而且膀胱长时间处于膨胀状态，就会失去弹性，有可能发生尿潴留或泌尿系统感染。另外，憋尿会使身体产生的废物不能及时排出，危及身体的健康。

所以一旦有了尿意，准妈妈就算忙于工作或其他事，也要及时排尿。

警惕病理性尿频

虽然说尿频是孕期正常的生理现象，但准妈妈可别因此忽略了病理性尿频的征兆。如果准妈妈在排尿时感到疼痛或有烧灼感，或者尽管有强烈的尿意，但每次只能尿出很少量，这就有可能是尿路感染的征兆，准妈妈就应该及时去医院就诊。尿路感染可分为上尿路感染（主要是肾盂肾炎）和下尿路感染（主要是膀胱炎）。

妊娠期尿路感染要选用毒性较小的抗菌药物，如阿莫西林、呋喃妥因或头孢霉素等，四环素、氯霉素、喹诺酮类不宜用，氨基糖苷类慎用。如果需要用药，要听专业医生的建议。

每日吃2~4个核桃不仅可以补脑，还可以补肾，核桃仁表面的褐色薄皮营养很丰富，吃核桃时不必剥掉这层皮。

吃莲子有助于缓解尿频，是真的吗

是的，莲子含有丰富的蛋白质、脂肪、碳水化合物和钙、磷、钾等营养素，具有养心、补脾、益肾的功效，以及治疗心悸、失眠、脾虚、腹泻等症。但是莲子性寒凉，吃多了对胎宝宝的健康不好。不过，准妈妈可以将莲子和红枣、红豆、百合等食物搭配食用，会起到很好的滋补效果。

尿频现象什么时候才结束

孕早期的尿频症状到了孕4月开始就会有所缓解，这是因为膀胱受到的压迫消失了，准妈妈也会进入相对舒适的孕中期。而孕晚期的尿频通常会持续到分娩几天后才终止，这是因为虽然分娩后子宫对膀胱的压迫消失，但还需要时间将新妈妈体内多余的体液全部排净。

尿路感染能用药吗

准妈妈尿路感染的治疗需考虑药物对准妈妈和胎宝宝两方面的影响：既要避免使用对胎宝宝有致畸作用的药物，如四环素族和喹诺酮类等，又要避免使用对准妈妈和胎宝宝均有毒性作用的药物，如氨基糖苷类、去甲万古霉素等。无致畸作用的药物如青霉素类、头孢菌素类等可以使用，但一定要在医生的指导下用药，并且每半个月去医院做一次检查。

营养食谱

菜品 板栗烧牛肉

　　牛肉是准妈妈补充钾、铁、锌等营养素的理想食物，富含的钾有助于补充尿频准妈妈流失的钾，很适合尿频的准妈妈食用。

原料： 牛肉200克，去皮板栗6颗，姜片、葱花、盐、料酒、植物油各适量。

做法： ❶牛肉洗净，入开水锅中汆透，切成块。❷油锅烧至七成热时，下入葱花、姜片，炒出香味时，下牛肉、盐、料酒、水。❸当锅沸腾时，撇去浮沫，改用小火炖，待牛肉炖至将熟时，放板栗，烧至肉熟烂、板栗酥软时收汁即可。

关键营养素：钾
每日建议摄取量：2500毫克
补充理由：尿频的准妈妈体内会流失大量钾，需要及时补充
主要食物来源：牛肉、香菇、土豆、山药、香蕉等

40

粥 糯米粥

　　糯米有温暖脾胃、补中益气的功效，尤其适合孕期脾气虚弱、身体疲倦无力、睡眠质量较差的准妈妈食用。

原料： 糯米100克，枸杞子适量。

做法： ❶糯米淘洗干净，浸泡2小时。❷将糯米放入锅中，加适量水，大火煮沸，转小火熬煮25分钟，放入枸杞子，至糯米粒软烂、汤汁变稠即可。

关键营养素：碳水化合物
每日建议摄取量：不低于150克
补充理由：充足的热量有助于各种营养素的吸收
主要食物来源：糯米、大米、小米、面食、新鲜水果等

30

汤 南瓜莲子红枣汤

　　南瓜含有丰富的维生素C和胡萝卜素，有健脾、护肝的功效。莲子能养心、补脾、益肾，有助于缓解准妈妈的尿频症状。

原料： 南瓜200克，莲子8颗，红枣4颗，银耳2朵，红糖适量。

做法： ❶南瓜洗净，去子，去皮，切成块；莲子去心；红枣去核，洗净；银耳泡发后，撕成小朵，去除根蒂。❷将南瓜块、莲子、红枣、银耳和红糖一起放入锅中，再加入适量温水，小火慢慢煲煮30分钟，至熟烂即可。

关键营养素：维生素C
每日建议摄取量：130毫克
补充理由：维生素C能增强准妈妈抵抗力，促进铁的吸收
主要食物来源：南瓜、红枣、猕猴桃、草莓、西红柿等

30

菜品	**松子核桃仁爆鸡丁**

核桃中的脂肪含亚油酸多，和丰富的B族维生素和维生素E，对尿频、肾虚等有良好的疗效，对缓解尿频有一定的作用。

原料：鸡脯肉100克，鸡蛋1个，松子仁、核桃仁各20克，姜末、葱花、蒜末、盐、白糖、料酒、植物油各适量。

做法：❶鸡蛋打成蛋液；鸡脯肉洗净，切丁，加入盐、料酒、蛋液拌匀。**❷**油锅烧热，倒入鸡脯肉滑熟，盛出；锅内留油，放核桃仁、松子仁炒熟。**❸**另起油锅，放葱花、姜末、蒜末爆香，倒入鸡脯肉、核桃仁、松子仁，加盐、料酒、白糖，翻炒即可。

关键营养素：蛋白质
每日建议摄取量：孕早期70~75克，孕中期80~85克，孕晚期85~100克
补充理由：有助于增强准妈妈的抵抗力，促进胎宝宝的健康发育
主要食物来源：牛奶、鸡肉、鱼、虾等

主食	**虾肉水饺**

虾仁是准妈妈补充钙、锌、碘和蛋白质的理想食物，而且富含牛磺酸，牛磺酸不仅能提高抵抗力，而且参与胎宝宝视网膜的发育。

原料：饺子皮20张，五花肉200克，虾仁8只，葱花、香油、盐各适量。

做法：❶虾仁洗净切碎；五花肉洗净剁碎，加盐、虾仁、香油、葱花拌成馅。**❷**饺子皮包入馅料成饺子。**❸**将包好的饺子煮熟即可。

关键营养素：钙
每日建议摄取量：孕早期800毫克，孕中期1000毫克，孕晚期1200毫克
补充理由：促进胎宝宝骨骼、牙齿发育，有助于准妈妈预防腿抽筋
主要食物来源：牛奶、鸡蛋、虾等

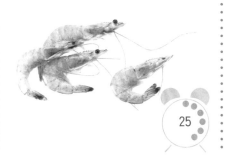

饮品	**火龙果酸奶汁**

火龙果含有丰富的膳食纤维，可调节胃肠功能。火龙果黑色籽粒中含有各种酶和不饱和脂肪酸及抗氧化物质，对便秘有辅助治疗作用。

原料：火龙果1个，酸奶半袋（120毫升），柠檬1个。

做法：❶火龙果切两半后挖出果肉备用；柠檬去皮。**❷**将火龙果肉和柠檬肉榨成汁。**❸**将果汁倒入搅拌器中，再加入酸奶搅匀即可。

关键营养素：膳食纤维
每日建议摄取量：20~30克
补充理由：适量的膳食纤维有助于胃肠蠕动，促进食物消化，防治便秘
主要食物来源：火龙果、红薯、芹菜、西葫芦、苹果等

20　　　25　　　5

产前抑郁：吃出好心情

预产期越来越近了，此时的你却开始担心分娩和分娩后的一系列问题，情绪很容易波动。可不要因此而出现抑郁，这时的你最需要自信，相信自己一定能行。

临近分娩，由于体内激素水平的变化和各种不适，再加上对分娩的害怕，对胎宝宝的健康与否的担心，对分娩后可能受到"冷落"的疑虑，准妈妈的心情很容易出现波动、低落、焦虑。如果没能及时得到安慰和调节，就会因为心理压力过大而导致抑郁，这会引起循环系统功能的紊乱，也不利于胎宝宝的健康。

对分娩的担心和分娩后的疑虑易让准妈妈出现产前抑郁，准爸爸除了多加关心、安慰外，还可以从饮食上调节准妈妈的情绪，让准妈妈精力充沛、心情愉悦。

营养要点

准妈妈如果出现产前抑郁，准爸爸和其他家人除了增加关怀安慰，加强心理调节外，还要调整好每日的饮食，保证准妈妈足够的热量、蛋白质、维生素和矿物质等营养素的摄取，也能帮助准妈妈调节情绪，使准妈妈精力充沛、心情愉悦。

增加蛋白质的摄入

蛋白质可以为准妈妈的大脑活动提供足够的兴奋性介质，提高大脑的兴奋性，对缓解抑郁症状有一定的帮助。蛋白质还直接参与体内各种酶的催化、激素的生理调节、血红蛋白的运载以及抗体的免疫等

作用。出现抑郁的准妈妈要多吃一些鱼、虾、鸡蛋、鸡肉、牛肉、豆制品等富含优质蛋白质的食物。

B 族维生素缓解抑郁

B 族维生素是维持脑部功能正常所必需的维生素，有助于改善准妈妈的抑郁症状。维生素 B_1 对神经系统的生理活动有调节作用；维生素 B_2 参与蛋白质、脂肪和碳水化合物这三大产能营养素的代谢过程，也有助于增进记忆力；维生素 B_6 对精神紧张、神经衰弱和抑郁有很好的缓解作用。准妈妈可以多吃富含维生素 B_6 的南瓜、鸡蛋、谷

物等。维生素 B_{12} 能维护中枢神经系统功能的完整，有消除疲劳、恐惧、不安、气馁等消极情绪的作用。除了 B 族维生素，镁、锌、硒等矿物质都是抗抑郁必备的营养素。

热量摄入要充足

准妈妈心情抑郁时，大多都有不同程度的食欲不佳，甚至厌食的状况，所以要在饮食的色、香、味上下功夫，以增强食欲，促进摄入足够的热量。足够的热量不仅能促使各种营养素的摄入更充分，还能维持脑细胞的正常生理活动，对缓解准妈妈的抑郁症状很有帮助。

吃香蕉能缓解抑郁

香蕉是缓解准妈妈产前抑郁的理想食物。香蕉含有丰富的酪氨酸和色氨酸，酪氨酸可以使准妈妈精力充沛、注意力集中，色氨酸有助于消除准妈妈的焦虑、忧虑、烦躁、头痛等症。而且酪氨酸和色氨酸搭配补充，比单独补充酪氨酸或色氨酸缓解抑郁的效果要更好。但是空腹时不宜吃香蕉，而且香蕉性寒，脾胃虚寒的准妈妈最好将香蕉烫热后再食用。

可以多吃点南瓜

产前抑郁的准妈妈可以适当多吃点南瓜，南瓜含有丰富的维生素 B_6 和铁。维生素 B_6 有助于缓解精神紧张、神经衰弱和抑郁；铁在血液中主要负责氧的运输和储存，参与血红蛋白的形成，将充足的养分送给脑细胞。这两种营养素还能帮助准妈妈将储存的血糖转换为维持脑细胞活动的葡萄糖。

吃些黄豆有帮助

黄豆中富含准妈妈所需的优质蛋白质、8种必需氨基酸、卵磷脂和不饱和脂肪酸，蛋白质和8种氨基酸都有助于增强脑血管的机能，卵磷脂是大脑的重要组成成分之一，可以增加神经机能和活力。准妈妈的饮食中可以加一些黄豆，对改善抑郁有一定的帮助。

菠菜补充叶酸和 B 族维生素

准妈妈也可以适当多吃一些菠菜，菠菜除了含有较为丰富的铁、磷、钙等矿物质，更有准妈妈所需的叶酸和B族维生素，对预防和缓解准妈妈的抑郁症状有一定的帮助。

调节情绪有方法

准妈妈首先要多了解一些分娩和分娩后的基本知识，这样可以减轻对分娩的恐惧感和紧张感，消除对分娩后的一些疑虑。其次准妈妈还要学会自我调节情绪，放松心情，散散步或适当参加一些社交活动。而准爸爸和其他家人应该多关注准妈妈的心理变化，多一些关心体贴，减少心理刺激，这对准妈妈的不良情绪有很好的改善作用。

成熟的香蕉皮色鲜黄光亮、两端带青，每日吃1~2根，有助于消除准妈妈的抑郁、焦虑、烦躁等症。

营养问答

吃零食能调节情绪，是真的吗

美国耶鲁大学的心理学家发现，人在吃零食的时候，会通过视觉、味觉以及触觉，将一种美好松弛的感受传递到大脑中枢。临近分娩，准妈妈难免会感到紧张或恐惧，可以试着吃些坚果、饼干等零食来缓解压力，调节情绪，但也不要吃太多，以免影响到正餐的进食。

听说吃海产品对缓解产前抑郁有帮助，是真的吗

是的。准妈妈出现产前抑郁的时候，可以吃一些海鱼、海虾、贝类等海产品来缓解症状。因为这些食物中含有 ω-3 脂肪酸，有一定的抗抑郁作用，能够缓解产前抑郁。鱼油也含有 ω-3 脂肪酸，准妈妈可以适当吃一些。坚果和植物油中的 α-亚麻酸在体内也能转化为 ω-3 脂肪酸，准妈妈也可以适当吃一些。

产前抑郁也会对胎宝宝的生长发育不利吗

是的，产前抑郁不只是准妈妈一个人的事，也会对胎宝宝产生影响。首先，产前抑郁的准妈妈一般都会出现不同程度的食欲减退，这会影响到对胎宝宝的营养素供给。其次，产前抑郁会使准妈妈的神经过度紧张，大脑皮层与内脏之间的平衡关系失调，引起循环系统功能紊乱，如果准妈妈的情绪长期受到压抑，出生后的新生儿也容易出现身体功能失调。

营养食谱

菜品　豆角小炒肉

豆角含有丰富的B族维生素，有助于缓解准妈妈的产前抑郁。豆角与猪瘦肉搭配，也能满足孕晚期胎宝宝快速发育对蛋白质的需求。

原料： 猪瘦肉150克，豆角10根，姜丝、盐、香油、植物油各适量。

做法： ❶猪瘦肉洗净，切丝；豆角择洗干净，斜切成段。❷油锅烧热，煸香姜丝，放入猪瘦肉丝炒至变色。❸倒入豆角段，准备半碗凉开水，一边炒，一边点入适量水，可使豆角保持翠绿。❹待豆角将熟，放入盐调味，出锅前淋香油即可。

关键营养素：B族维生素
每日建议摄取量：维生素 B_1 1.5毫克，维生素 B_2 1.7毫克
补充理由：有助改善孕期抑郁症状
主要食物来源：豆角、鸡蛋、牛奶、鱼肉、玉米、小米等

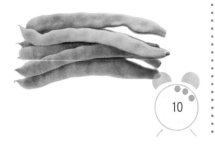

10

主食　南瓜牛腩饭

南瓜含有丰富的维生素 B_6，有助于缓解精神紧张、神经衰弱和抑郁。牛肉富含优质蛋白质，对缓解抑郁症状有一定的帮助。

原料： 牛腩100克，米饭1碗，南瓜1小块，胡萝卜半根，高汤、盐、葱花各适量。

做法： ❶牛腩洗净，切丁；胡萝卜去皮洗净，切丁；南瓜去皮、瓤，洗净，切丁。❷将牛腩放入锅中，用高汤煮至八成熟，加入南瓜丁、胡萝卜丁、盐、葱花，煮至全部熟软，浇在米饭上即可。

关键营养素：维生素 B_6
每日建议摄取量：2.2毫克
补充理由：孕晚期补充维生素 B_6，有助于预防准妈妈可能出现的抑郁症状
主要食物来源：南瓜、鸡肉、糙米、香蕉、坚果等

30

汤　百合汤

百合含有丰富的维生素C、钙等营养素，有清心安神、去火除烦的作用，很适宜情绪不佳的准妈妈食用。

原料： 鲜百合15克，冰糖适量。

做法： ❶将鲜百合除去杂质，掰成瓣，用水反复漂洗几次，放入锅内加水，用小火煮烂。❷出锅前加入适量冰糖即可。

关键营养素：维生素C
每日建议摄取量：130毫克
补充理由：维生素C能增强准妈妈抵抗力，促进铁的吸收
主要食物来源：百合、猕猴桃、草莓、西红柿、红枣等

15

菜品 拌豆腐干

豆腐干是高蛋白、低脂肪的美食佳品，常吃有助于增强准妈妈的抵抗力，对产前抑郁也有一定的缓解作用。

原料： 豆腐干350克，葱花、香菜叶、香油、盐各适量。

做法： ❶豆腐干洗净切丝，装盘。❷将葱花、香菜叶撒在豆腐干丝上，加入香油、盐，拌匀即可。

关键营养素：蛋白质
每日建议摄取量：孕晚期85~100克
补充理由：增强准妈妈的抵抗力，对缓解产前抑郁也有一定的作用
主要食物来源：豆制品、牛奶、鸡肉、鱼、虾等

5

粥 香蕉蜂蜜粥

香蕉富含钙、镁，还含有丰富的酪氨酸和色氨酸，有助于消除准妈妈的焦虑、忧虑、烦躁等症，很适合产前抑郁的准妈妈食用。

原料： 香蕉1根，大米100克，蜂蜜适量。

做法： ❶香蕉去皮，切片；大米淘洗干净。❷将大米放入锅中，加适量水，大火煮沸，调至小火，煮15分钟。❸放入香蕉片，煮5~10分钟；起锅前加入适量蜂蜜即可。

关键营养素：镁
每日建议摄取量：450毫克
补充理由：有助于调节准妈妈的神经冲动，促进胎宝宝骨骼、牙齿发育
主要食物来源：香蕉、海带、紫菜、花生、苋菜等

25

饮品 牛奶炖木瓜雪梨

牛奶富含钙和蛋白质，有助于缓解准妈妈的情绪不安。木瓜、雪梨与牛奶同炖，能给产前抑郁的准妈妈带来新鲜的口感。

原料： 牛奶2袋（500毫升），雪梨、木瓜各1个，蜂蜜适量。

做法： ❶雪梨、木瓜分别用水洗净，去皮，去核（瓤），切块。❷将雪梨、木瓜放入锅内，加牛奶和适量水，先用大火烧开，再改用小火炖至雪梨、木瓜软烂，加入蜂蜜调味即可。

关键营养素：钙
每日建议摄取量：孕晚期1200毫克
补充理由：补钙有助于缓解准妈妈的产前抑郁，还能预防腿抽筋
主要食物来源：牛奶、鸡蛋、鱼、虾、豆制品等

15

饮食缓解腰酸背痛

肚子越来越大，就是站一会儿，你也会感到腰背酸痛。多休息是缓解腰酸背痛的最好办法，也可以吃一些增强体力、益气养血的食物来缓解症状。

半数以上的准妈妈会在孕晚期出现腰背疼痛的现象。增大的肚子会使准妈妈的身体重心往前移，腰背肌肉必须保持一定的张力，保持上身稍向后仰的姿势。腰背肌肉处于紧绷状态，时间一长就会有酸痛感。腰酸背痛容易在下午、晚上以及长时间站立或行走后出现或加重，疼痛部位甚至会从腰椎部位向下延伸到臀部和尾椎骨，影响准妈妈的日常活动、睡眠以及心情。

缓解腰酸背痛时可以吃些圣女果，圣女果的营养价值丝毫不输西红柿，其富含的维生素C，能增强血管的弹性，有助于改善血液循环，减轻腰酸背痛的状况。

营养要点

孕晚期的时候，准妈妈可以多吃一些增强体力、益气养血的食物，如牛肉、牛奶、鸡蛋、虾、鱼、西红柿、苹果、香蕉等，摄取充足的蛋白质、维生素和矿物质。这对腰酸背痛有一定的缓解作用，也能为即将到来的分娩做好身体准备。

补钙缓解腰酸背痛

钙可以平衡肌肉和神经的兴奋，如果血液中的钙浓度过低，就会使肌肉和神经的兴奋升高，不仅会导致腿抽筋，还会使准妈妈容易感到腰酸背痛。所以一旦出现腰酸背痛，准妈妈除了多休息外，还

要去医院检查是不是缺钙了，一旦缺钙，就要及时补充。

不容忽视的维生素 B_1

维生素 B_1 对神经系统的生理活动起着调节作用。如果准妈妈缺乏维生素 B_1，不仅会导致食欲减退，也会导致疲劳乏力、膝反射消失和腰酸背痛。维生素 B_1 的摄取量和体内热量的总摄入量成正比，孕期热量需求增加约2090千焦（约500千卡），因此维生素 B_1 每日的摄取量也要增加到1.5毫克。维生素 B_1 含量丰富的食物有谷类、豆类、坚果、酵母，尤其是在谷类表皮部分的含量更高，

所以粗加工谷类适合准妈妈常吃。此外，动物肝脏、蛋类和绿叶蔬菜中维生素 B_1 的含量也较高，准妈妈可以从多种食物中摄取维生素 B_1。

补充维生素 C

补充维生素 C 不仅能增强准妈妈的抵抗力，防治坏血病，还能增强血管的弹性，有助于缓解腰酸背痛的症状。所以准妈妈还可以多吃一些香蕉、苹果、草莓、柳橙、西红柿、黄瓜等富含维生素C的果蔬。此外，维生素 B_2、维生素 B_6、维生素 K 等，都有助于改善血液循环，对减轻腰酸背痛也有一定的作用。

营养食谱

　　准妈妈腰酸背痛时，饮食上要多注重钙、蛋白质、B族维生素、维生素C等营养素的补充，牛奶、红枣、猪肝、新鲜果蔬等都是准妈妈的好选择。

粥 　牛奶红枣粥

　　牛奶不仅含有丰富的优质蛋白质、钙，还富含维生素B₁，对缓解腰酸背痛有很好的作用。

原料： 大米50克，牛奶1袋（250毫升），红枣5颗。

做法： ❶大米洗净；红枣洗净，去核，切片。❷将大米放入锅中，加适量水，大火煮沸，转小火熬至大米绵软，加入牛奶和红枣，小火慢煲至牛奶烧沸，粥浓稠即可。

菜品 　鱼香肝片

　　猪肝含蛋白质、铁、胡萝卜素、维生素A、B族维生素等营养素。准妈妈常食可以促进胎儿视力发育。

原料： 猪肝150克，青椒1个，盐、葱花、姜末、蒜末、白糖、醋、料酒、高汤、水淀粉、植物油各适量。

做法： ❶将青椒洗净，去子，切片；猪肝洗净，切成薄片，用料酒、盐及水淀粉腌片刻；将白糖、醋、高汤及剩余的水淀粉调成芡汁备用。❷油锅烧热，放入姜末、蒜末、葱花爆香，加入猪肝和青椒片快炒，用芡汁勾芡即可。

饮品 　胡萝卜菠萝汁

　　胡萝卜菠萝汁含有丰富的维生素C，能保持血管的弹性、促进血液循环，有助于缓解准妈妈腰酸背痛。

原料： 胡萝卜半根，菠萝半个。

做法： ❶菠萝去皮，切成小块，用淡盐水浸泡30分钟，取出冲洗干净；胡萝卜洗净，切小块。❷二者一起放入榨汁机，加入1杯纯净水榨汁即可。

低血糖，每天5~6顿饭

检查出妊娠期糖尿病，医生除了告诉你要控制饮食外，还会提醒你要预防因控制饮食而出现的低血糖，低血糖和高血糖都会对你和胎宝宝的健康不利。

如果准妈妈控制饮食或者用药物治疗妊娠期糖尿病，当血糖浓度低于2.77毫摩尔/升，就属于低血糖，这是比较常见的并发症。低血糖较轻时准妈妈会出现头晕眼花、步伐不稳的情况；严重时在突然站立或行走时出现眼前发黑、视物不清，甚至晕厥。所以，有妊娠期糖尿病的准妈妈也要注意防治低血糖。

早餐喝1杯牛奶、吃1个鸡蛋和1个馒头，量虽然不多，但能够补充丰富的蛋白质和碳水化合物，有效预防准妈妈出现低血糖症状。

营养要点

对于低血糖必须做到"防重于治"，准妈妈应注意饮食均衡营养，保证碳水化合物的摄入量。建议准妈妈每日吃5~6顿饭，尤其是早餐要丰富且营养，可多吃些牛奶、鸡蛋、肉粥等高蛋白和高碳水化合物的食物。生活规律，而且要定时检测血糖，预防低血糖的出现。

出现低血糖要及时补充糖分

准妈妈出现低血糖时，应立即补充糖分增加血糖水平。任何形式的糖，如可乐、果汁、糖果、口服葡萄糖片等都可以。如果低血糖反应重的准妈妈，还需要在纠正低血糖后再增加其他口服碳水化合物的摄入量，如馒头、面包或者水果。

预防低血糖的饮食小细节

由于孕早期孕吐现象较为明显，许多准妈妈会表现出食欲缺乏的现象，所以吃得很少，这时候准妈妈应该少量多餐保证营养。每日吃5~6顿饭，睡前喝杯牛奶，安神补钙。准妈妈应随身携带苏打饼干、糖果和水果等方便食品，以便一旦出现低血糖症状时立即进食，使头晕等低血糖症状得以及时缓解。此外，在日常生活中，准妈妈需注意自我保护，避免久站，不骑自行车，以免跌伤；一旦头晕发作，应立即坐下，或平卧，以阻止头晕加剧。

定时监测血糖

定时检测血糖能够明显减少低血糖的发生率。每次产检时应注重血糖的测量，如发现偏低，应遵循医生意见进行治疗。权威数据表明，正常情况下，准妈妈餐后1小时血糖不超过10.0毫摩尔/升，餐后2小时不超过8.5毫摩尔/升。

值得注意的是，准妈妈出现低血糖时应立即补充糖分增加血糖水平，如果症状严重，应及时送医院给予静脉注射葡萄糖液。

营养食谱

　　与蛋白质相比，碳水化合物能提供最直接的热量。遇到低血糖，就要适当多吃一些富含碳水化合物的食物，如新鲜水果、银耳、土豆、荸荠、谷物等。

菜品 **宫保素丁**

　　这道菜可以增强准妈妈的抵抗力，补充丰富的膳食纤维和碳水化合物，还能防治便秘。

原料： 荸荠、胡萝卜、土豆、黑木耳各50克，干香菇6朵，花生仁、蒜末、豆瓣酱、盐、植物油各适量。

做法： ❶荸荠、胡萝卜、土豆分别洗净、去皮，切丁，焯至六成熟，捞出；干香菇、黑木耳泡发择洗干净，切片；花生仁煮熟透。❷油锅烧热，用蒜末炝锅，将荸荠、胡萝卜、土豆、香菇、黑木耳、花生仁倒入翻炒，加入豆瓣酱、盐炒匀即可。

粥 **黑木耳水果粥**

　　这款粥不仅能为准妈妈提供充足的能量，还能补充丰富的维生素、膳食纤维、铁、钾、镁等营养素。

原料： 大米、小米各50克，水发黑木耳5朵，苹果1个，香蕉2个，白糖、香菜叶、枸杞子各适量。

做法： ❶将水发黑木耳择洗干净，切片；苹果洗净，去皮、核，切块；香蕉去皮，切成小段。❷大米、小米洗净，放入锅内，加适量水，熬成粥。❸黑木耳片、苹果块、香蕉段、枸杞子、白糖放入熬好的粥中搅拌均匀，煮至沸，撒上香菜叶即可。

汤 **核桃银耳汤**

　　银耳含有丰富的碳水化合物、蛋白质和多种氨基酸、矿物质，可以为准妈妈提供充足的营养。

原料： 核桃仁30克，银耳50克，冰糖、草莓各适量。

做法： ❶草莓择洗干净，对半切开。❷银耳泡发，择洗干净后去蒂，放入锅内，加水烧沸后煮30分钟，加入冰糖。❸放入草莓、核桃仁稍煮即可。

妊娠口角炎，都是缺维生素B₂惹的祸

上火本来就够心烦意乱的了，而由于上火引发的口角炎更让你难受，尤其是早起时，嘴角干裂，生疼，可是又不能吃药，这该怎么办呢？

口角炎俗称"烂嘴角"，表现为口角潮红、起疱、皲裂、糜烂、结痂、脱屑等。出现口角炎，准妈妈张口易出血，吃饭说话都会受影响。冷干的气候和上火会使口唇、口角周围皮肤黏膜干裂，周围的病菌乘虚而入，导致口角炎。

营养要点

出现口角炎，准妈妈的饮食要注重补充维生素B₂，多吃些粗粮、黄豆、豆制品、牛奶、鱼类、菠菜、南瓜、香蕉、梨等食物。此外还要注意补充维生素C，不仅能增强准妈妈的抵抗力，还有助于增强毛细血管的弹性，促进伤口愈合。

重点补充：维生素B₂

如果缺乏维生素B₂，皮肤黏膜就容易发生炎症，表现为口角发生乳白色糜烂、裂口和张口出血，伴有疼痛和灼热感，时间长了还会形成溃疡。如果不及时治疗，便有可能引发喉咙疼、干涩难受、体温升高等不适，还会导致其他部位的皮肤黏膜发生病变，如舌炎、口腔炎、眼结膜炎、脂溢性皮炎等。

奶酪是准妈妈补充维生素B₂的理想食物，对改善妊娠口角炎有很好的效果。2片面包夹上1片奶酪，就是一份简单而又营养的加餐。

维生素 B₂ 的食物来源

动物内脏含维生素B₂很丰富，尤其是肝脏含量最高。准妈妈每周吃1~2次猪肝，再搭配其他富含维生素B₂的食物，就可满足一天的维生素B₂的需要。此外，奶制品、鸡蛋、瘦肉也含有较为丰富的维生素B₂。

植物性食物中的菌藻类食物，如蘑菇、海带、紫菜中含维生素B₂较多。如每100克口蘑含维生素B₂为2.53毫克，香菇为1.13毫克，冬菇含1.59毫克，元蘑中含量最高，可达7.09毫克。海带和紫菜中的维生素B₂分别为每100克0.36毫克和2.07毫克。其他植物性食物，以黄豆花生和绿叶菜中含维生素B₂较多。

也要补充维生素C

准妈妈如果缺乏维生素C，会出现头发容易断裂、皮肤粗糙干燥、伤口愈合得慢、虚弱、牙齿出血、贫血、身体有瘀伤等症状。所以有口角炎的准妈妈除了要注重补充维生素B₂外，还应该补充充足的维生素C，以促进口角炎症状消退。

营养食谱

　　出现妊娠口角炎，适当多吃一些动物肝脏、香菇、紫米等食物，都可以补充丰富的维生素B₂。富含维生素C的西红柿、胡萝卜等食物也有助于消除炎症，促进伤口愈合。

菜品　香菇腰片

　　香菇和猪腰都含有丰富的维生素B₂，对缓解口角炎症状有很好的效果，很适合患有口角炎的准妈妈食用。

原料：猪腰50克，香菇100克，葱花、姜片、料酒、盐、水淀粉、植物油各适量。

做法：❶猪腰撕去外皮膜，去掉腰臊，切花刀片，洗净。❷猪腰沥干水分后加料酒、盐、水淀粉拌匀；香菇泡发择洗干净，切片，备用。❸油锅烧热，爆香姜片，放入猪腰片翻炒，再放入香菇片，加入料酒、盐，放入适量水，待沸后撒上葱花即可。

粥　红小豆紫米粥

　　紫米含有丰富的维生素B₁、维生素B₂、叶酸、蛋白质、脂肪、赖氨酸、色氨酸等多种营养素，有补血益气、暖脾胃的功效。

原料：红小豆、紫米各30克，大米50克。

做法：❶红小豆、紫米、大米分别洗净后，用水浸泡。❷将红小豆、紫米、大米放入锅中，加入适量水，大火煮沸，转小火再煮至红小豆开花，紫米、大米熟透后即可。

饮品　西红柿胡萝卜汁

　　西红柿富含维生素C，胡萝卜是胡萝卜素、B族维生素、维生素C的宝库，这道饮品很适合患有口角炎的准妈妈饮用。

原料：西红柿1个、胡萝卜1根，蜂蜜适量。

做法：❶将西红柿、胡萝卜均洗净，去皮，切小块，放入榨汁机中。❷加入适量温开水，榨成汁，调入蜂蜜即可。

喘不过气多吃含铁的食物

在孕期最后一段时间，你可能会发现自己变得有点喘不过来气。比如，当你上台阶或拿着重重的购物袋时，发现自己的呼吸似乎更快更急促了。

喘不过来气在孕晚期很常见，因为子宫顶上升到你的胸部横隔膜下并挤压到你的肺部了。这种现象是正常的，不会影响到你和宝宝的健康，而且这一症状随着你怀孕后体重的增加会变得更加严重。此外，如果你现在贫血，由于身体不得不增大工作量来为你和胎宝宝供氧，也会让你喘不过来气。

黑米是含铁比较丰富的谷物，准妈妈可以常吃一些黑米粥。不过，黑米米粒外有一层坚韧的种皮包裹，不易煮烂，所以黑米最好先浸泡一夜再煮。

营养要点

准妈妈现在要避免营养过剩，增重过多。别吃太多高脂肪、高盐和高糖的食物，因为这类食物会增加体重，并使你喘不过气来的现象更严重。每日多喝水，并减少摄入利尿的饮料和食物，以免脱水。如果是贫血，饮食就要注重补铁。

重点补充：铁

铁是防止贫血的重要营养素，喘不过气的准妈妈可以多吃一些含铁丰富的食物，如瘦肉、牛肉、动物肝脏、鸡蛋、菠菜、油菜、苹果、红枣等。在主食中，面食含铁一般比大米多，吸收率也高于大米，因而有条件时应鼓励准妈妈多吃些面食，如面条、面包等。

提高铁的吸收率

为了增强补铁效果，准妈妈可以在服用补铁剂或食用含铁植物性食品的同时，补充一些富含维生素C的食品或饮品，这能帮助身体更有效地从植物性来源的食品中吸收更多类型的铁。富含维生素C的食品有：柳橙、草莓、西红柿、甜椒或柚子等。肉类和鱼类含有较为丰富的血红素铁，同样也可以促进对蔬菜中非血红素铁的吸收。例如，可以在将甜椒也牛肉搭配炒制，这有助于提高铁的吸收率，达到补铁目的。

补铁的同时不能补钙

由于钙会影响身体对铁的吸收，所以，在吃富含铁的食物或服用补铁剂时，不要同时服用钙补充剂，或者含钙的抗酸剂。补铁剂在饭后服用，可以减轻副作用；补钙剂在睡前服用，可以使吸收效果更好。

同样，由于牛奶中富含钙，补铁剂不要用牛奶送服。茶和咖啡也一样，它们含有的多酚，会干扰身体吸收补铁剂和含铁植物中的铁元素，从而影响补铁效果。

营养食谱

　　黑木耳、鸡蛋、菠菜、牛肉等，都含有较为丰富的铁，准妈妈在孕晚期常吃这些食物，多补充铁，能预防贫血，改善喘不过来气的症状。

菜品　黑木耳炒鸡蛋

　　黑木耳和鸡蛋都含有丰富的铁、蛋白质、维生素，有益气强智、止血止痛、补血活血等功效。

原料： 鸡蛋2个，水发黑木耳50克，葱花、香菜末、盐、植物油各适量。
做法： ❶将水发黑木耳择洗干净撕片，沥水；将鸡蛋打散。❷油锅烧热，将鸡蛋倒入，炒熟后，出锅备用。❸锅中留底油，将黑木耳放入锅内炒几下，再放入鸡蛋，加入盐、葱花、香菜调味即可。

主食　菠菜鸡蛋饼

　　菠菜和鸡蛋都含有丰富的铁，两者搭配更有利于准妈妈对铁的吸收，很适合贫血准妈妈常吃。

原料： 面粉250克，鸡蛋2个，菠菜3棵，盐、香油、植物油各适量。
做法： ❶面粉倒入大碗中，加适量温水，再打入鸡蛋，搅拌均匀，做成蛋面糊。❷菠菜择洗干净，焯水沥干后切碎，倒入蛋面糊里，加入适量盐、香油，混合均匀。❸平底锅加少量油，倒入鸡蛋面糊，煎至两面金黄即可。

菜品　牛肉炒菠菜

　　牛肉和菠菜都含铁丰富，牛肉还具有补脾胃、益气血、强筋骨等作用，是一道家常的补铁佳肴。

原料： 牛肉250克，菠菜200克，水淀粉、葱花、姜末、盐、料酒、植物油各适量。
做法： ❶牛肉洗净，切薄片，用水淀粉、料酒调汁，腌制牛肉片；菠菜择洗干净，焯水，沥干，切段。❷油锅烧热，放姜末、葱花煸炒，再把牛肉片放入，用大火快炒后取出；再将余油烧热，放入菠菜、牛肉片，用大火快炒几下，放盐，拌匀即可。

吃对食物，助力顺产

预产期越来越近，想着即将来临的小宝宝，现在除了期待和紧张外，你还要吃一些有助于分娩的食物，帮助你走完漫长十月的最后一步。

分娩是体力活，为了给分娩做体能准备，所以有些准妈妈会补充大量的热量和营养素。其实，过多摄取高热量、高营养的食物，反而会加重肠胃负担，造成腹胀，在生产时会造成难产、产伤。这时准妈妈可以吃一些少而精的食物，诸如鸡蛋、牛奶、瘦肉、鱼虾和大豆制品等，以便顺利分娩。

营养要点

蛋白质可以为准妈妈提供热量，但是蛋白质所提供的热量远远达不到分娩时的需求，只有碳水化合物才能提供最直接的热量，所以准妈妈要补充足够的碳水化合物。此外，临近分娩，准妈妈还要补充维生素 B_1、锌和铁，使分娩顺利。

补充维生素 B_1 为生产助力

如果维生素 B_1 不足，易引起准妈妈呕吐、倦怠、疲乏，还可能影响分娩时子宫收缩，使产程延长，分娩困难。维生素 B_1 含量丰富的食物有谷类、豆类、坚果类，尤其在粮谷类表皮部分含量更高。此外，动物内脏、蛋类及绿叶菜中维生素 B_1 的含量也较丰富。

准爸爸多给准妈妈一些关心和鼓励，可以缓解准妈妈产前紧张不安的心态。此外，吃一些有助于分娩的食物，可以让准妈妈更有信心。

补锌为分娩保驾护航

补锌对准妈妈来说，不仅能增强自身的免疫力，防止味觉退化、食欲减退，还有助于自然分娩。锌可以增强子宫有关酶的活性，促进子宫肌收缩，帮助准妈妈顺利分娩。如果准妈妈缺锌，会降低子宫肌的收缩力，分娩时可能需要借助外力。此外，胎宝宝对准妈妈体内储存的锌的吸收，主要是在胎宝宝成熟期完成的。不过，锌固然对此时的准妈妈很有助益，但准妈妈也不可以为减轻疼痛而摄入过量的锌。

补铁预防产时出血

现在除了胎宝宝自身需要储存一定量的铁之外，还要考虑到准妈妈在生产过程中会失血。生产会造成准妈妈血液流失，顺产的出血量为350~500毫升，剖宫产失血最高会达750~1000毫升。准妈妈如果缺铁，很容易造成产后贫血。因此孕晚期补铁是不容忽视的，推荐补充量为每日35毫克。

营养食谱

　　香菇富含B族维生素，鸡肉、鱼肉能补充丰富的优质蛋白，松子是补锌的好选择，菠菜可以补铁。临近分娩了，常吃这些食物都有助于准妈妈的分娩。

| 菜品 | **松子鸡肉卷** |

　　这道菜富含蛋白质、锌和不饱和脂肪酸，对准妈妈有很好的滋补作用。

原料： 鸡脯肉250克，虾仁100克，胡萝卜50克，松子仁25克，蛋清、盐、料酒、干淀粉各适量。

做法： ❶将鸡胸肉洗净，切成大薄片；胡萝卜洗净去皮后，切成末。❷虾仁切碎剁成蓉，放入碗中，加盐、料酒、蛋清和干淀粉搅匀。❸将鸡片平摊，在鸡片中间放入虾蓉和松子仁，卷成卷后把胡萝卜末塞入卷的两头。❹将做好的鸡卷大火蒸6~8分钟即可。

| 主食 | **香菇鸡汤面** |

　　香菇富含B族维生素、蛋白质和钾、磷、钙等多种矿物质营养素，这道主食营养丰富，美味易消化。

原料： 面条、鸡肉各100克，香菇2个，青菜、盐各适量。

做法： ❶干香菇泡发，去蒂，切片；鸡肉切片用料酒腌制5分钟。❷锅中放入鸡肉，加盐炒至八成熟，盛出。❸将香菇入油锅略煎，盛出。❹面条、青菜煮熟，盛入碗中，把鸡肉、香菇铺在面条上即可。

| 汤 | **菠菜鱼片汤** |

　　菠菜是准妈妈补铁的好选择，这道汤营养丰富，易于消化和吸收，很适合孕晚期的准妈妈食用。

原料： 鱼片250克，菠菜、姜片、葱段、料酒、盐、植物油各适量。

做法： ❶将鱼片用盐、料酒腌制15分钟。❷菠菜洗净、焯水，切段。❸油锅烧热，下入姜片、葱段爆出香味，下鱼片略煎，再加入适量水，大火煮沸，改用小火煮20分钟，放入菠菜段，加盐调味即可。

分娩当天怎么吃

即将告别甜蜜的"腹"担，迎来可爱的小家伙。今天是你十月怀胎的终点，不过现在还要在饮食上加最后一把劲儿，顺利过了分娩这一关。

分娩时越紧张，越容易增加疼痛，延长分娩时间。准妈妈在待产期适当进食，可以消除分娩前的肌肉紧张。如果是剖宫产，在手术前一天的晚餐要清淡，午夜12点以后不要吃东西，以保证肠道清洁，减少术中感染。手术前6~8小时不要喝水，以免麻醉后呕吐，引起误吸。

在宫缩间歇可以吃一块巧克力补充能量。分娩是个体力活，在漫长的分娩过程中，吃巧克力不仅能为准妈妈提供直接的能量，还能缓解紧张情绪。

营养要点

分娩当天是十分忙乱的，家人很可能会忽略准妈妈的饮食。其实，分娩不但是对准妈妈意志的考验，也是一次重大的体力活动，所以分娩当天的饮食安排非常重要。自然分娩分为3个产程，准妈妈除了放松心情，和医生做好配合外，还要在3个产程期间适当进食。

第1产程：流质食物为主

第一产程是漫长的前奏，在进入产房前8~12小时，准妈妈的睡眠、休息、饮食都会由于阵痛而受到影响。为了确保有足够的精力完成分娩，准妈妈应该尽量进食，以半流质或软烂的食物为主，如鸡蛋面、蛋糕、面包、粥等。

第2产程：宫缩间歇补充体力

在第二产程中，子宫收缩频繁，疼痛加剧，内耗增加，此时准妈妈应尽量在宫缩间歇摄入一些果汁、藕粉、红糖水等流质食物补充体力，以促进胎宝宝顺利娩出。身体需要的水分可以通过果汁、红糖水及白开水补充，既不可以过于饥渴，也不能吃太多。

此时准妈妈还可以吃些巧克力，不仅可以为准妈妈提供足够的热量，还能缓解紧张情绪。整个分娩过程一般要经历12~18小时，这么长的时间需要消耗很大的能量，因此在分娩开始和进行中，应准备一些优质巧克力，随时补充能量。

第3产程：分娩结束再进食

胎宝宝娩出后，宫缩会有短暂停歇，大约相隔10分钟，又会出现宫缩以娩出胎盘，这个过程需要5~15分钟，一般不会超过30分钟。由于时间比较短，新妈妈这时候可以不进食。而到了分娩结束2小时后，新妈妈可以选择能够快速消化、容易吸收的碳水化合物或淀粉类食物，如小米稀饭、玉米粥、全麦面包等，以补充体力。

营养食谱

分娩过程中需要消耗大量的体力，所以准妈妈应该尽量吃一些易消化又能补充能量的汤粥，以确保有足够的精力完成分娩。

粥 红糖小米粥

小米健脾养胃，红糖养肝，二者搭配食用能迅速补充准妈妈身体的能量，促进分娩顺利完成。

原料：小米80克，红糖适量。

做法：❶小米洗净，放入锅中，加适量水，大火烧沸，转小火慢慢熬煮。❷待小米开花时加入红糖拌匀，再熬煮几分钟即可。

汤 羊肉冬瓜汤

羊肉具有补血调血、散寒开胃、促进血液循环的作用。这道汤，能很好地为准妈妈的分娩助力。

原料：羊肉片100克，冬瓜250克，香油、葱花、姜末、盐、植物油各适量。

做法：❶冬瓜去皮、瓤，洗净，切成薄片；羊肉片用盐、葱花、姜末拌匀腌制5分钟。❷油锅烧热后放入冬瓜略炒，加适量水烧沸。❸加入腌制好的羊肉片，煮熟后加盐，淋上香油，撒上葱花即可。

汤 薏米红枣百合汤

薏米有利产的功效，准妈妈食用可以帮助顺利生产。但薏米只能在临产前吃，怀孕期间要避免食用。

原料：薏米50克，鲜百合20克，红枣5颗。

做法：❶将薏米淘洗干净；鲜百合洗净，掰成片；红枣洗净。❷将薏米和水一同放入锅内，大火煮沸，转小火煮1小时，然后把鲜百合和红枣放入锅内，继续煮30分钟即可。

第二章
孕期饮食也是一件
享受的差事

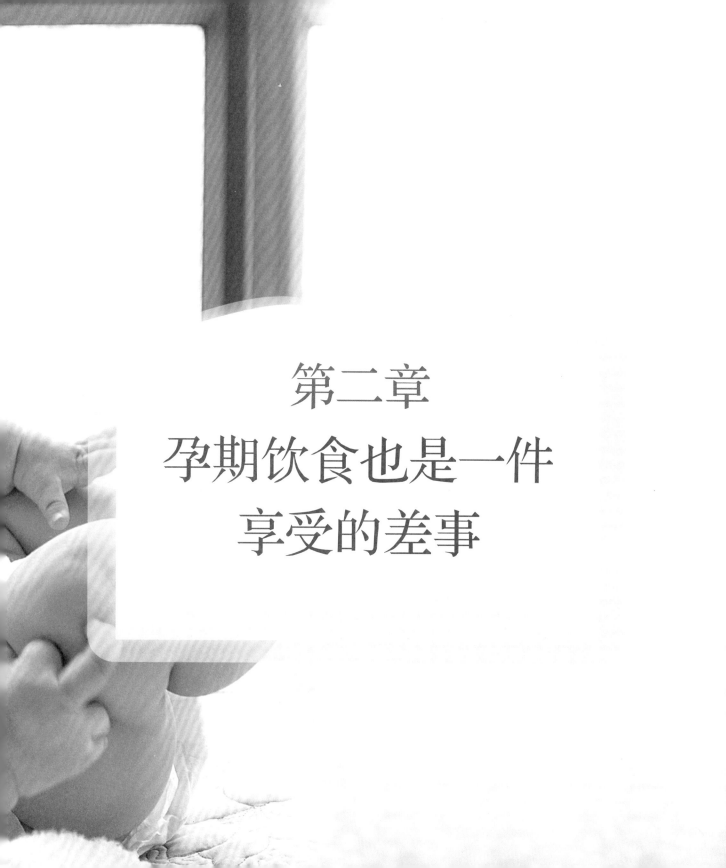

第1周 保证叶酸的摄入量

怀孕前4周是胎宝宝神经管分化和形成的重要时期，准妈妈要多吃富含叶酸的食物，如芦笋、菠菜、油菜等绿叶蔬菜以及动物肝脏。

第1周	营养搭配	这样做更营养
早餐 关键营养素： 蛋白质、钙、铁	★红枣银耳羹 鸡蛋、牛奶	❶银耳15克泡发；红枣8个洗净，去核。❷银耳、红枣放入锅中加水，大火烧沸后，小火煮20分钟，加入冰糖。 功效：银耳可增强准妈妈的抵抗力。
午餐 关键营养素： 铁、钙、维生素C	★红枣鸡丝糯米饭 棒骨海带汤	❶鸡肉100克洗净，切丝，氽烫；糯米50克，浸泡2小时。❷糯米、鸡肉、红枣加水蒸熟。 功效：红枣适合体质虚弱的准妈妈。
午间加餐 关键营养素： 钙、铁、膳食纤维	★紫菜包饭 苹果	❶黄瓜1根洗净切条，加醋腌30分钟；糯米100克蒸熟，用醋拌匀；鸡蛋1个打散，摊成饼，切丝。❷糯米铺在紫菜上，摆上黄瓜条、鸡蛋丝、沙拉酱卷起，切片即可。 功效：富含矿物质的紫菜能提高免疫力。
晚餐 关键营养素： 叶酸、钙、蛋白质	★芦笋蛤蜊饭 蛋花汤	❶芦笋6根洗净；蛤蜊150克泡水，煮熟，去外壳。❷大米50克，水、姜丝、醋、白糖、盐、芦笋拌匀，蒸熟。❸米饭、蛤蜊肉、海苔丝、香油拌匀即可。 功效：芦笋是孕期补充叶酸的佳品。
晚间加餐 关键营养素： 膳食纤维、维生素C	★水果拌酸奶	❶香蕉1根去皮；草莓3个洗净，去蒂；苹果、梨洗净去核，切块。❷倒入酸奶200毫升，拌匀即可。 功效：适合胃口不佳的准妈妈。

第2周　热量补充要充足

　　本周起，在饮食上要保证热量的充足供给，多摄取碳水化合物丰富的食物，如大米、小米、面粉等，另外还要保证叶酸的摄取量。

第2周	营养搭配	这样做更营养
早餐 关键营养素： 碳水化合物、 膳食纤维、钙	★紫菜鸡蛋汤 豆包、香蕉	❶锅中倒入水烧沸，放虾皮5克略煮，倒入鸡蛋液搅拌成蛋花；放入紫菜，煮3分钟。❷出锅前放入盐，淋上香油即可。 功效：紫菜可帮助准妈妈预防贫血。
午餐 关键营养素： 铁、碳水化合物、 蛋白质	★鸭血豆腐汤 胡萝卜牛肉丝 二米饭（大米、 小米）	❶鸭血50克、豆腐100克切小块，放入高汤中炖熟。❷加醋、盐调味，以水淀粉勾薄芡，撒上香菜叶即可。 功效：这道菜能促进准妈妈对钙质的吸收。
午间加餐 关键营养素： 钙、叶酸、矿物质	★香椿芽拌豆腐 苹果	❶香椿芽100克洗净，焯水后切成细末。❷嫩豆腐200克焯水后捣碎，加入香椿芽末、盐、香油拌匀。 功效：豆腐能增强准妈妈的抵抗力。
晚餐 关键营养素： 钙、蛋白质、 碳水化合物	★排骨汤面 牛奶	❶排骨50克洗净，剁段；油锅烧热，下葱段、姜片、排骨、盐，煸炒至变色；加水，大火烧沸；转中火煨至排骨熟透，放白糖调味起锅。❷另起锅下面条，至面条熟透后倒入排骨和汤汁即可。 功效：此面有增强免疫力的功效。
晚间加餐 关键营养素： 卵磷脂、蛋白质、镁	★蛋黄莲子汤	❶莲子10颗洗净浸泡30分钟，去莲心，大火煮开后转小火煮20分钟，加入冰糖调味。❷鸡蛋1个打开后取出蛋黄，放入莲子汤中煮熟即可。 功效：准妈妈常吃鸡蛋胎宝宝更聪明。

第3周 重点保证维生素C的摄入

准妈妈此时要多吃富含优质蛋白质的食物，并多吃新鲜水果，尤其要保证维生素C的摄入，以提高准妈妈的抵抗力，此时还要继续补充叶酸。

第3周	营养搭配	这样做更营养
早餐 关键营养素： 钙、蛋白质、 维生素C	★奶酪蛋汤 火腿面包 香蕉	❶将奶酪20克与鸡蛋1个一同打散，用面粉调匀。 ❷将骨头汤烧沸，加盐调味；放入调好的鸡蛋糊中， ❸最后撒上西芹末、西红柿丁各20克即可。 功效：准妈妈补钙的美食。
午餐 关键营养素： 维生素C、叶酸、铁	★香菇油菜 红豆饭 小炒肉	❶油菜250克洗净切段，梗叶分置；干香菇6朵泡开去蒂，切块。❷在锅中放油菜梗，炒至六七成熟，再下油菜叶同炒。❸放入香菇和适量水，烧至菜梗软烂，加入盐调味即成。 功效：增强准妈妈的抵抗力。
午间加餐 关键营养素： 碳水化合物、膳食纤维、B族维生素、硒	★全麦吐司面包 牛奶	功效：全麦吐司面包中所含有的硒等微量矿物质，能够帮助准妈妈缓解焦躁的情绪。
晚餐 关键营养素： 锌、钙、蛋白质	★海米白菜 馒头	❶大白菜帮200克洗净，切成条；海米30克用水泡软，洗净，沥干。❷锅中放海米炒香，加入大白菜帮快速翻炒至熟，加盐调味，最后用淀粉勾芡即可。 功效：锌能增强准妈妈的抵抗力。
晚间加餐 关键营养素： 蛋白质、B族维生素、矿物质	★香菇蛋花粥	❶干香菇3朵泡好，去蒂切片；鸡蛋1个打成蛋液；大米80克洗净。❷油锅烧热，放入香菇、虾米，大火快炒至熟，盛出。❸将大米放入锅内，加入适量水，大火煮至半熟，倒入炒好的香菇、虾米，煮熟后淋入蛋液，稍煮即可。 功效：香菇有提高抵抗力和开胃的作用。

第4周　继续补充叶酸

准妈妈此时仍然要多补充叶酸,若缺乏叶酸,便会引起胚胎细胞分裂障碍,导致胚胎细胞分裂异常、胚胎细胞发育畸形和神经管发育畸形。

第4周	营养搭配	这样做更营养
早餐 关键营养素: 叶酸、维生素C、蛋白质	★西红柿鸡蛋羹 花卷	❶西红柿1个去皮,切丁;鸡蛋2个打散,加盐搅拌,再加入适量温水和西红柿丁拌匀。❷用中火蒸,取出时,撒上葱花,淋上香油即可。 功效:能为准妈妈提供全面的营养素。
午餐 关键营养素: 钙、磷、蛋白质	★虾仁豆腐 糯米粥	❶将豆腐200克切丁,以开水焯烫;虾仁50克处理干净,加入盐、淀粉、蛋清上浆。❷将淀粉和香油放入小碗中,调成芡汁。❸油锅烧热,放入虾仁和豆腐丁,倒入调好的芡汁迅速翻炒均匀即可。 功效:为准妈妈补充优质蛋白质和钙。
午间加餐 关键营养素: 钙、碳水化合物、维生素A	★牛奶馒头	❶面粉200克中加鲜牛奶150毫升、白糖、发酵粉搅拌成絮状。❷把絮状面粉揉光,放置温暖处发酵1小时。❸发好的面团用力揉至光滑,使面团内部无气泡;搓成圆柱,切成小块,放入蒸笼里,蒸熟即可。 功效:可以帮准妈妈补充能量。
晚餐 关键营养素: 叶酸、钙、蛋白质	★香椿苗拌核桃仁 大米粥 蒜薹炒肉丝	❶香椿苗200克去根、洗净,用淡盐水浸一下;核桃仁50克用淡盐水浸一下,去内皮。❷从盐水中取出香椿苗和核桃仁,加盐、白糖、醋、香油拌匀即可。 功效:香椿有助于增强准妈妈的免疫功能。
晚间加餐 关键营养素: 蛋白质、卵磷脂、维生素B_6	★蛋黄莲子汤	❶莲子10颗洗净,加3碗水,大火煮开后转小火煮20分钟,加入冰糖调味。❷鸡蛋1个打开后取出蛋黄,放入莲子汤中煮熟就可以了。 功效:增强准妈妈的抵抗力。

第5周 少食多餐应对孕吐

很多准妈妈在本周以前没有任何不适,反而会感到食欲旺盛,食量增加。如果有轻微的恶心、呕吐,可以采用少量多餐的办法。

第5周	营养搭配	这样做更营养
早餐 关键营养素: 膳食纤维、蛋白质、碳水化合物	★奶香麦片粥 鸡蛋	❶大米30克淘洗净,在水中浸泡30分钟。❷锅中加入高汤,放入泡好的大米,大火煮沸后转小火煮至米粒软烂黏稠。❸再加入鲜牛奶250毫升,煮沸后加入麦片、白糖、拌匀即可。 功效:膳食纤维能促进消化。
午餐 关键营养素: B族维生素、维生素C、铁、钾	★西芹炒百合 米饭 菠菜猪肝汤	❶百合150克洗净,掰成小瓣;西芹300克洗净,切段,用开水氽烫。❷油锅烧热,下入葱段炝锅,再放入西芹和百合翻炒至熟,调入盐、少许水,以水淀粉勾薄芡即可。 功效:为准妈妈补充维生素和矿物质。
午间加餐 关键营养素: 碘、蛋白质、叶酸	★奶酪手卷	❶生菜1片洗净,西红柿洗净切片。❷铺好紫菜,再将糯米饭、奶酪1片、生菜、西红柿依序摆上,淋上沙拉酱并卷起即可。 功效:为准妈妈补充丰富的碘。
晚餐 关键营养素: 蛋白质、钙、铁、维生素C	★鸡脯扒油菜 烧麦 菠菜鱼片汤	❶油菜200克洗净,切成长段;鸡肉150克洗净,切块,放入开水中氽烫,捞出。❷锅中下葱花炝锅,放入鸡肉和油菜翻炒,加入料酒、盐、牛奶,大火烧开,用水淀粉勾芡即成。 功效:促进胎宝宝神经系统的发育。
晚间加餐 关键营养素: 锌、蛋白质、维生素	★腰果	功效:腰果富含锌和蛋白质,对胎宝宝的智力发育很有帮助。

第6周 选择体积小营养丰富的食物

进入第6周，准妈妈会时常疲劳、犯困，而且排尿频繁。在胃口不佳的情况下，准妈妈尽量选择体积小但营养丰富的食物。

第6周	营养搭配	这样做更营养
早餐 关键营养素： 铁、蛋白质、 碳水化合物	★猪血鱼片粥 花卷	❶猪血100克洗净切块；鱼肉150克洗净，切薄片，用料酒腌制；大米20克洗净。❷锅中放入水、大米，熬煮成粥，加入猪血、鱼片、盐，再沸时淋入香油即可。 功效：猪血有补血补钙的功效。
午餐 关键营养素： 蛋白质、B族维生素、 维生素C、铁	★豆芽炒肉丁 八宝饭	❶猪肉50克洗净，切丁，用淀粉抓匀上浆；放油锅中炸至金黄，沥油。❷锅中放入黄豆芽100克、料酒略炒，再放入白糖，加鲜汤、盐，用小火煮熟，放入肉丁炒匀即可。 功效：黄豆芽可预防维生素B_2缺乏症。
午间加餐 关键营养素： 碳水化合物、脂肪	★苏打饼干	功效：苏打饼干可以中和胃酸，促进消化功能，有效减轻胃部不适。
晚餐 关键营养素： 叶酸、维生素C、 蛋白质	★芦笋鸡丝汤 南瓜饼 清炒黄瓜	❶鸡肉100克切丝，用蛋清、盐、干淀粉拌匀腌20分钟。❷芦笋100克洗净沥干，切段；金针菇20克洗净沥干。❸锅中放入高汤，加鸡肉丝、芦笋、金针菇，待沸后加盐，淋香油即可。 功效：芦笋能增强准妈妈的体质。
晚间加餐 关键营养素： 维生素C、钙、蛋白质	★橙汁酸奶	❶将柳橙1个去皮，去子，榨成汁。❷将柳橙汁与酸奶150毫升、蜂蜜搅匀即可。 功效：健脾开胃，让准妈妈心情愉悦。

第7周 清淡饮食带来好心情

准妈妈可能会因为胃口不好而出现焦虑、烦躁的情绪，这时候可以吃一些口味清淡又营养丰富的食物，让食物带给你一个好心情。

第7周	营养搭配	这样做更营养
早餐 关键营养素： 碳水化合物、钙、磷、钾、蛋白质	★莲子芋头粥 鸡蛋	❶糯米30克洗净，浸泡；莲子30克洗净，泡软；芋头30克洗净，去皮，切小块。❷将莲子、糯米、芋头一起放入锅中，加适量水同煮，粥熟后调入白糖即可。 功效：莲子有补肾安胎的作用。
午餐 关键营养素： 维生素C、氨基酸	★素炒豆苗 红枣饭 牛肉萝卜汤	❶将豆苗300克洗净，捞出沥水。❷油锅烧热，放入豆苗迅速翻炒，再放盐、白糖，加入高汤，翻炒至熟即可。 功效：为准妈妈补充丰富的维生素。
午间加餐 关键营养素： 脂肪、维生素A、磷、钾、钙	★开心果	功效：开心果中含有丰富的油脂，有润肠通便的作用，有助于排出体内的毒素，非常适合便秘的准妈妈食用。
晚餐 关键营养素： 蛋白质、钙、B族维生素	★肉末豆腐羹 米饭	❶将豆腐100克切丁，焯水后捞出冲凉；水发黄花菜15克洗净，切成碎丁。❷将高汤倒入锅内，加入肉末50克、黄花菜、豆腐、盐，煮至豆腐中间起蜂窝、浮于汤面时，以水淀粉勾芡，撒上葱末即可。 功效：黄花菜有很好的健脑益智作用。
晚间加餐 关键营养素： B族维生素、维生素C、钾	★鲜柠檬汁	❶柠檬1个洗净，去子，切小块，放入碗中加白糖腌4小时。❷再用榨汁机榨汁，饮用前可根据个人口味，加温开水和少许白糖。 功效：柠檬有开胃止吐的功效。

第8周 及时补充维生素A

准妈妈现在要补充维生素A，建议每日的摄入量为800微克。因为维生素A对胎宝宝肌肤、头发、眼睛、鼻子、嘴、骨骼、牙齿的发育至关重要。

第8周	营养搭配	这样做更营养
早餐 关键营养素： 碳水化合物、 维生素C、锌	★燕麦南瓜粥 烧饼	❶南瓜100克洗净削皮，去瓤，切块；大米30克洗净；燕麦20克洗净。❷大米放入锅中，加适量水，煮沸后放入南瓜块、燕麦。❸熟透后，加入盐、葱花，调匀即可。 功效：燕麦中的燕麦精能刺激食欲。
午餐 关键营养素： 维生素A、维生素C、 膳食纤维	★菠菜炒鸡蛋 米饭	❶菠菜300克洗净，切段，焯水；鸡蛋2个打散。❷将蛋液炒熟盛盘。❸下蒜末炝锅，然后倒入菠菜，加盐翻炒，倒入炒好的鸡蛋，翻炒均匀即可。 功效：能为准妈妈提供丰富的维生素A。
午间加餐 关键营养素： 膳食纤维、维生素E、锌	★全麦面包 酸奶	功效：全麦面包含有丰富的膳食纤维、维生素E和锌、钾等矿物质，营养价值比白面包高，很适合准妈妈食用。
晚餐 关键营养素： 维生素C、蛋白质、 碳水化合物	★西红柿面片汤 馒头	❶西红柿1个烫水去皮，切丁。❷炒香西红柿丁，炒成泥状后加入高汤，烧沸后加入煮熟去壳的鹌鹑蛋2个。❸加入面片50克，煮3分钟后，加盐、香油调味即可。 功效：防止准妈妈便秘、血虚。
晚间加餐 关键营养素： 碳水化合物、磷、钾	★银耳羹	❶银耳20克洗净，切碎；樱桃、草莓洗净。❷将银耳放入锅中，加适量水，用大火烧沸，转小火煮30分钟，加入冰糖、淀粉，稍煮。❸加入樱桃、草莓、核桃仁，稍煮即可。 功效：增强准妈妈的抵抗力。

第9周 克服不适为胎宝宝摄取营养素

现在准妈妈虽然会有诸多不适应和不舒服,但胎宝宝器官的形成和发育正需要丰富的营养素,所以一定要坚强应对,尽量为胎宝宝多储备一些优质的营养素。

第9周	营养搭配	这样做更营养
早餐 关键营养素: 碳水化合物、B族维生素、矿物质	★糯米粥 煎鸡蛋 苹果	❶糯米拣去杂质,淘洗干净,浸泡。❷将糯米放入锅中,加适量水、枸杞子,大火煮沸,转小火熬煮45分钟,至米粒软烂、汤汁变稠即可。 功效:糯米粥具有止呕止吐作用。
午餐 关键营养素: 钙、蛋白质、磷、钾	★虾皮豆腐 花卷 菠菜猪肝汤	❶豆腐100克切块,入沸水焯烫;虾皮10克剁成细末。❷炒锅放植物油烧热,放入姜末、虾皮爆出香味。❸倒入豆腐块,加白糖、盐、适量水后烧沸,用水淀粉勾芡即可。 功效:准妈妈补钙的理想食物。
午间加餐 关键营养素: 脂肪、蛋白质、钙、磷、镁、钾	★五谷豆浆	❶黄豆40克洗净,浸泡10~12小时。❷大米、小米、小麦仁、玉米渣各10克和泡发的黄豆放入全自动豆浆机中制作豆浆。❸待豆浆制作完成后过滤,加白糖调味。 功效:比单一豆浆的营养更丰富。
晚餐 关键营养素: 蛋白质、锌、铁	★肉片粉丝汤 稀饭	❶将粉丝50克放入水中,泡发;牛肉100克切薄片,加淀粉、料酒、盐拌匀。❷锅中加适量水烧沸,放入牛肉片,略煮后放入粉丝,煮熟后放盐调味,淋上香油即可。 功效:牛肉可提高准妈妈的抵抗力。
晚间加餐 关键营养素: 碳水化合物、蛋白质	★小花卷	❶面粉加入酵母揉成面团,放置醒一下。❷将面团擀成3毫米的薄面片,刷上色拉油。将面片卷起,切成宽4厘米的面团卷,每两个叠加起来,压好后用大拇指和食指左右往里面捏一下。❸将做好的花卷放在蒸屉上蒸熟即可。 功效:为胃口不佳的准妈妈补充能量。

第10周 保证优质蛋白质的摄入

因为子宫的不断发育，准妈妈会有越来越明显的下腹压迫感，要注意多喝水，不要空腹。另外还要补充优质蛋白质，以保证胎宝宝的正常发育。

第10周	营养搭配	这样做更营养
早餐 关键营养素： 碳水化合物、铁、锌	★葡萄干苹果粥 面包	❶大米30克洗净；苹果1个洗净去皮，切丁。❷锅内放入大米与苹果，大火煮沸。❸改小火煮至熟烂时加入蜂蜜、葡萄干10克搅匀即可。 功效：葡萄干是准妈妈补钙、补铁的佳品。
午餐 关键营养素： 蛋白质、钙、铁	★鸡血豆腐汤 米饭 什锦蔬菜沙拉	❶先将鸡血一小块，焯水后切块；嫩豆腐50克切块，焯烫，沥水。❷锅中加适量水烧沸，倒入鸡血、豆腐，煮至豆腐漂起，加葱花、盐、香油调味即成。 功效：豆腐是准妈妈补充蛋白质的理想食物。
午间加餐 关键营养素： 蛋白质、维生素C、 镁、钙、铁、钾	★水果拌酸奶	❶香蕉去皮，草莓洗净去蒂，苹果、梨洗净、去皮去核，均切成小块。❷将水果盛入碗内，倒入酸奶200毫升，以没过水果为好，拌匀即可。 功效：增强准妈妈的消化能力，提升食欲。
晚餐 关键营养素： 蛋白质、B族维生素、 碳水化合物	★鸡蛋炒饭 冬瓜汤	❶蒜苗、葱、香菜均洗净，去根、切末；鸡蛋1个炒熟备用。❷油锅烧热，爆香葱末，放入炒好的鸡蛋及蒜苗拌炒，加入米饭150克及盐炒匀，盛入盘中，撒上香菜及肉松即可。 功效：健脑补钙，味道鲜香，营养均衡。
晚间加餐 关键营养素： 维生素E、 碳水化合物	★山药黑芝麻糊	❶黑芝麻50克，小火炒香，研成细粉。❷山药60克放入干锅中烘干，打成细粉。❸锅内加适量水，烧沸后将黑芝麻粉和山药粉放入锅内，同时放入白糖，不断搅拌，煮5分钟。 功效：山药黑芝麻糊有美容养颜的功效。

第11周 补钙促进胎宝宝骨骼发育

胎宝宝现在正是骨骼发育的关键时期，补钙显得特别重要。因此，建议准妈妈多喝牛奶，不仅补钙，还可以预防妊娠高血压综合征。

第11周	营养搭配	这样做更营养
早餐 关键营养素: 维生素、碳水化合物	★胡萝卜小米粥 鸡蛋 猕猴桃	❶胡萝卜50克洗净，切成块；小米30克淘洗净，备用。❷将胡萝卜块和小米一同放入锅内，加水大火煮沸。❸转小火煮至胡萝卜绵软，小米开花即可。 功效：改善准妈妈乏力倦怠的症状。
午餐 关键营养素: 钙、蛋白质、碘、锌	★紫菜豆腐汤 米饭 黄瓜炒猪肝	❶紫菜25克泡发，洗净；豆腐150克切块。❷将紫菜、豆腐块放入锅中，加适量水，用大火煮至豆腐熟透，加盐调味，撒上葱花、淋入香油即可。 功效：帮助准妈妈消化、增进食欲。
午间加餐 关键营养素: 脂肪、蛋白质、镁、钾、 B族维生素	★盐焗核桃	❶核桃仁60克洗净后控干水分。❷炒锅里放入适量的盐，炒热后加入核桃仁翻炒，炒至核桃颜色变深，用笊篱分离出核桃即可。 功效：补充优质蛋白质，提高抵抗力。
晚餐 关键营养素: 钙、碘、维生素C	★凉拌素什锦 馒头 香蕉	❶竹笋丝50克、海带丝和粉丝各20克一起放入沸水中焯一下，捞出，备用。❷豆腐干、胡萝卜、芹菜、洋葱各20克均切丝。❸将所有原料同置于盘中，加调味料拌匀即可。 功效：补充维生素C和碘的理想食物。
晚间加餐 关键营养素: 蛋白质、铁、卵磷脂	★鸡蛋益血安胎饮	❶鸡蛋1个洗净，同桑寄生100克一起放入瓦煲，加适量水煲1.5小时。❷加入红糖，取出蛋去壳。❸食蛋饮桑寄生汁，可饮数次。 功效：具有安胎、养血祛风的功效。

第12周 吃鱼让宝宝更聪明

鱼类含有丰富的蛋白质、卵磷脂、钾、钙、锌等营养素,有利于胎宝宝中枢神经系统的发育。因此,准妈妈要适当多吃鱼,特别是海鱼。

第12周	营养搭配	这样做更营养
早餐 关键营养素: 蛋白质、胡萝卜素、 B族维生素、维生素C	★南瓜饼 豆浆	❶南瓜200克洗净蒸熟;用勺子挖出南瓜肉,加糯米粉100克、白糖,和成面团。❷将豆沙搓成小圆球,用面团包入豆沙馅制成饼坯,上锅蒸熟即可。 功效:南瓜能润肺益气、止呕、防治便秘。
午餐 关键营养素: 蛋白质、钙、磷、硒	★洋葱炒鱿鱼 奶酪蛋汤 馒头	❶鲜鱿鱼200克处理干净,切成粗条,放入开水中汆烫,捞出;洋葱、青椒、甜椒各100克,洗净,切片。❷油锅烧热,放入洋葱、青椒、甜椒翻炒,然后放入鲜鱿鱼,加适量盐,炒匀即可。 功效:鱿鱼可预防贫血,缓解疲劳感。
午间加餐 关键营养素: 蛋白质、维生素E、 B族维生素	★玫瑰汤圆	❶黑芝麻糊100克加黄油、白糖、玫瑰蜜1匙、盐搅匀成馅料。❷糯米粉200克加温水调成面团,揉光,做剂子,包入馅料做成汤圆。❸汤圆入沸水锅中,小火煮至汤圆浮出水面1分钟后,捞入碗中,点缀樱桃即成。 功效:使准妈妈体质更强壮。
晚餐 关键营养素: 碳水化合物、矿物质、 膳食纤维	★酸甜藕片 花卷 苹果	❶莲藕300克洗净,切薄片泡于盐水中,然后用沸水焯烫,捞起,沥干。❷热油锅中倒入葱花,炒香成葱油后,捞出葱花。❸将盐、白糖、醋及葱油拌匀浇在藕片上,拌至入味即可。 功效:让准妈妈有个好胃口。
晚间加餐 关键营养素: 维生素C、镁、钾	★草莓汁	❶将草莓洗净,去蒂,放入榨汁机中,加适量温开水榨取汁液。❷汁倒入杯子内,加入蜂蜜即可。 功效:有清热去火、消暑除烦的作用。

第13周 不能想吃多少吃多少

　　准妈妈的胃口开始好起来了，但是也不能想吃多少就吃多少，要知道，孕期营养贵在平衡和合理，过度肥胖会危及胎宝宝和自身的健康。

第13周	营养搭配	这样做更营养
早餐 关键营养素： B族维生素、 维生素C、钙、磷、钾	★百合粥 发糕 鸡蛋	❶百合20克撕瓣，洗净；大米30克洗净。❷将大米放入锅内，加适量水，快熟时，加入百合、冰糖，煮成稠粥即可。 功效：百合有清热祛火、宁心安神的作用。
午餐 关键营养素： 蛋白质、钙	★拌豆腐干丝 馅饼 西红柿炖牛腩	❶豆腐干丝300克洗净，装盘。❷将葱末撒在豆腐干丝上，加入香油、盐，拌匀即成。 功效：补充丰富的钙、磷、铁、蛋白质。
午间加餐 关键营养素： 维生素C、钾、铁、 膳食纤维	★苹果玉米汤	❶苹果洗净，去核、去皮，切块；玉米剥皮洗净后，切成块。❷把玉米、苹果放入汤锅中，加适量水，大火煮沸，再转小火煲40分钟即可。❸也可适量加些白糖或冰糖调味。 功效：有明显的利尿效果。
晚餐 关键营养素： 蛋白质、钙、锌	★海鲜炒饭 冬瓜汤	❶墨鱼、干贝、虾仁洗净，放入碗中加淀粉和蛋清拌匀，汆烫，捞出；蛋黄倒入热油锅中煎成蛋皮，切丝。❷爆香葱末，放入虾仁、墨鱼、干贝拌炒，加入米饭、盐炒匀，盛入盘中，摆好蛋丝即可。 功效：海鲜是补充蛋白质的理想食物。
晚间加餐 关键营养素： 维生素C、钾、锌、 膳食纤维	★猕猴桃酸奶	❶猕猴桃2个剥皮、切块。❷将猕猴桃、酸奶250毫升放入榨汁机榨汁即可。 功效：可帮助消化，预防便秘。

第14周 补碘促进胎宝宝甲状腺的发育

　　胎宝宝的甲状腺开始起作用，对碘的需求量增加。所以准妈妈要补充足够的碘，帮助甲状腺素促进蛋白质的生物合成，促进胎宝宝生长发育。

第14周	营养搭配	这样做更营养
早餐 关键营养素： 膳食纤维、碳水化合物	★红薯粥 面包 鸡蛋	❶红薯50克洗净，连皮切成厚块。❷大米30克洗净，用水浸泡30分钟。❸将泡好的大米和红薯放入锅内，大火煮沸后，转小火继续煮。❹煮至米烂粥稠即可。 功效：可以为准妈妈补充体力。
午餐 关键营养素： 碘、钙、膳食纤维	★海带焖饭 羊杂蔬菜汤	❶大米30克淘洗干净；水发海带30克洗净，切成小块。❷锅中放入大米和适量水，大火烧沸后放入海带块，小火煮至米粒涨开，加盐调味。❸最后盖上锅盖，用小火焖15分钟即可。 功效：为准妈妈补碘。
午间加餐 关键营养素： B族维生素、铁、 胡萝卜素	★南瓜饼	❶南瓜300克去子，隔水蒸熟。❷挖出南瓜肉，加糯米粉300克、白糖，和成面团。❸将红豆沙搓成小圆球，包入豆沙馅成饼胚，上锅蒸10分钟即可。 功效：有助于缓解精神紧张。
晚餐 关键营养素： B族维生素、维生素C、 钙、磷、钾	★百合汤 洋葱蛋饼	❶百合15克除去杂质洗净，放入锅内加水，用小火煮烂。❷出锅前加入适量冰糖，百合带汤一并吃。 功效：百合有清心安神、去火除烦的作用。
晚间加餐 关键营养素： 花青素、膳食纤维、 碳水化合物	★西米火龙果	❶西米100克用开水泡透；火龙果1个对半剖开，果肉切成小粒。❷锅加水，加入白糖、西米、火龙果粒一起煮开。❸用水淀粉勾芡后即可。 功效：可促进肠道蠕动，有助于排便。

第15周 注重补充B族维生素

本周准妈妈除了延续上周的饮食原则外，要格外关注一下B族维生素的供给，同时要做到少盐、少糖、少油、少辛辣刺激，全面、清淡的饮食是本周首选。

第15周	营养搭配	这样做更营养
早餐 关键营养素： 蛋白质、钙、 维生素C	★红枣牛奶粥 鸡蛋	❶红枣6个洗净，去核。❷大米30克洗净放入锅内，加入水，熬至绵软。❸加入牛奶250毫升和红枣，煮至粥浓稠即可。 功效：促进胎宝宝骨骼生长。
午餐 关键营养素： B族维生素、维生素C、蛋白质	★鲫鱼丝瓜汤 土豆饼	❶鲫鱼200克处理干净，切小块；丝瓜200克去皮，洗净切段。❷锅中爆香姜片，将鲫鱼两面煎黄，放入丝瓜，加适量水，大火煮沸，再改用小火慢炖至鱼熟，加盐调味即可。 功效：丝瓜有清热化痰、利水通便的功效。
午间加餐 关键营养素： 膳食纤维、维生素E、锌	★全麦面包	功效：全麦面包含有丰富的膳食纤维、维生素E和锌、钾等矿物质，营养价值比白面包高，很适合准妈妈食用。
晚餐 关键营养素： 镁、钾、碳水化合物	★香蕉银耳汤 面包 素什锦	❶银耳20克洗净，撕成小朵；百合洗净；香蕉1根去皮，切片。❷银耳加水，放蒸锅内隔水加热30分钟取出；再与香蕉片一同放入煮锅中，加水，用中火煮10分钟。❸出锅时加入冰糖化开即可。 功效：能缓解准妈妈紧张情绪。
晚间加餐 关键营养素： 蛋白质、维生素C、β-胡萝卜素	★鲜奶炖木瓜雪梨	❶梨100克、木瓜150克分别用水洗净，去皮，去核（瓤），切块。❷梨、木瓜放入炖盅内，加入鲜牛奶250毫升和适量水，盖好盖，先用大火烧沸，改用小火炖至梨、木瓜软烂，加入蜂蜜调味即可。 功效：有美容养颜的功效。

第16周 卵磷脂补充要充足

卵磷脂可提高信息传递的速度和准确性，是胎宝宝非常重要的益智营养素。卵磷脂每日的摄取量以500毫克为宜。

第16周	营养搭配	这样做更营养
早餐 关键营养素： 维生素E、锌、 碳水化合物	★黑芝麻花生粥 豆芽蛋饼	❶大米20克洗净；黑芝麻20克炒香；花生20克碾碎。❷将大米、黑芝麻、花生碎一同放入锅内，加水煮至大米熟透。❸出锅时加入冰糖调味即可。 功效：黑芝麻有助于预防准妈妈贫血。
午餐 关键营养素： 卵磷脂、蛋白质、钙	★虾皮紫菜汤 米饭 烧茄子	❶虾皮、紫菜10克均洗净，紫菜撕成小块；鸡蛋1个打散。❷油锅烧热，下入姜末、虾皮略炒，加适量水烧沸，淋入鸡蛋液，放入紫菜、香菜、盐、香油即可。 功效：为准妈妈补充丰富的卵磷脂。
午间加餐 关键营养素： 卵磷脂、蛋白质、维 生素A、锌	★肉蛋羹	❶瘦肉50克洗净，剁成泥。❷鸡蛋1个打入碗中，加入和鸡蛋液一样多的凉开水，加入肉泥，放少许盐，朝一个方向搅匀，上锅蒸15分钟。❸出锅后，淋上香油，撒适量香菜即可。 功效：促进胎宝宝智力发育。
晚餐 关键营养素： 维生素E、镁、钾、 钙、磷	★芝麻圆白菜	❶小火将黑芝麻10克炒出香味。❷圆白菜200克洗净，切粗丝。❸起锅热油，放入圆白菜，快炒至熟透发软，加盐调味，撒上黑芝麻拌匀即可。 功效：为准妈妈补充丰富的矿物质。
晚间加餐 关键营养素： 卵磷脂、蛋白质、钙、 磷、镁、钾	★五谷豆浆	❶黄豆40克洗净，浸泡10~12小时。❷大米、小米、小麦仁、玉米渣各10克和泡发的黄豆放入全自动豆浆机中，制作豆浆。❸待豆浆制作完成后过滤，加白糖调味。 功效：比单一豆浆的营养更丰富。

第17周 多摄取一些膳食纤维

这1周，准妈妈要多摄取一些膳食纤维，促进蛋白质、维生素、矿物质等营养素的吸收，以保证胎宝宝的需要，还有助于预防准妈妈便秘。

第17周	营养搭配	这样做更营养
早餐 关键营养素： 不饱和脂肪酸、碳水化合物、维生素E	★五仁大米粥 肉包 苹果	❶大米30克洗净，煮成稀粥，加入芝麻、碎核桃仁、碎杏仁、碎花生仁、瓜子仁。❷加入冰糖水，煮10分钟即可。 功效：补益大脑、润肠通便。
午餐 关键营养素： 膳食纤维、维生素C、钾	★糖醋白菜 米饭 土豆炖牛肉	❶白菜300克、胡萝卜50克均洗净，切斜片；将白糖、醋、水淀粉混合，调成味汁。❷油锅烧热，先煸白菜，后放胡萝卜，将糖醋汁倒入，翻炒均匀即成。 功效：健脾开胃、预防便秘。
午间加餐 关键营养素： 蛋白质、维生素E、不饱和脂肪酸	★松仁鸡肉卷	❶鸡肉100克洗净，切成薄片。❷虾仁50克切碎剁成蓉，加盐、料酒、蛋清和淀粉搅匀。❸在鸡片上放虾蓉和松仁20克，卷成卷儿，入蒸锅大火蒸6~8分钟即可。 功效：松仁有润肺滑肠的作用。
晚餐 关键营养素： 膳食纤维、钙、铁、蛋白质	★香干拌芹菜 煎饺 冬瓜海带汤	❶绿豆芽60克洗净，掐去两头；芹菜200克洗净，切段。❷绿豆芽、芹菜用开水焯一下捞出，用水冲凉，沥干。❸香干50克切成细丝，放入芹菜、绿豆芽中，加入香油、醋、盐、蒜泥，拌匀即可。 功效：预防贫血、防治便秘。
晚间加餐 关键营养素： 膳食纤维、维生素C、钙、蛋白质	★酸奶草莓布丁	❶牛奶200毫升加适量食用明胶粉、白糖煮化，晾凉后加入酸奶，倒入玻璃容器中搅拌均匀。❷加入水果丁后冷藏，食用时取出晾至常温即可。 功效：补充维生素C，防治便秘。

第18周 补充维生素B$_{12}$

准妈妈的体重和腹部负担越来越重，要避免长时间站、立、坐或行走。在饮食上要少吃咸肉、咸鱼等高盐食物，多喝牛奶和豆浆，及时补充维生素B$_{12}$。

第18周	营养搭配	这样做更营养
早餐 关键营养素： 镁、钾、钙、磷、 维生素E	★芝麻粥 鸡蛋	❶黑芝麻20克在热锅内炒熟，大米30克淘洗干净。❷将黑芝麻和大米一同放入锅中，加入适量水，大火煮沸后，转小火熬煮至粥熟即可。 功效：黑芝麻具有补肝肾、润五脏的功效。
午餐 关键营养素： 蛋白质、锌、铁、 维生素B$_{12}$	★百合炒牛肉 米饭 紫菜蛋汤	❶牛肉150克洗净，切成薄片放入碗中，用蚝油抓匀，腌20分钟。❷油锅烧热，倒入牛肉，大火快炒，再加入甜椒片、百合50克翻炒至牛肉全部变色，加盐调味即可。 功效：促进胎宝宝骨骼、神经系统的发育。
午间加餐 关键营养素： 卵磷脂、维生素A、 维生素B$_{12}$、蛋白质	★肉蛋羹	❶瘦肉50克洗净，剁成泥。❷鸡蛋1个打入碗中，加入和鸡蛋液一样多的凉开水，加入肉泥，放少许盐，朝一个方向搅匀，上锅蒸15分钟。❸出锅后，淋上香油，撒适量香菜即可。 功效：促进胎宝宝智力发育。
晚餐 关键营养素： 蛋白质、维生素C、 B族维生素	★肉丝银芽汤 热汤面 凉拌西红柿	❶猪肉50克洗净切丝，备用；将黄豆芽100克择洗干净。❷将黄豆芽、肉丝一起入油锅翻炒至肉丝变色，加入粉丝20克、水、盐共煮5~10分钟即可。 功效：为准妈妈补充丰富的维生素。
晚间加餐 关键营养素： 蛋白质、钙、维生素B$_{12}$	★牛奶水果饮	❶把牛奶250毫升倒入锅中，中火煮，放入玉米粒，边搅动边放入水淀粉，调至黏稠度合适。❷放入葡萄、猕猴桃块，滴几滴蜂蜜即可。 功效：促进胎宝宝中枢神经的发育和血液的合成。

第19周 改善睡眠有办法

　　身体会越来越笨重，准妈妈要休息好，还要学会主动放松。如遇到失眠，要多食用水果、奶制品和蔬菜，这些都能改善准妈妈的睡眠。

第19周	营养搭配	这样做更营养
早餐 关键营养素： 蛋白质、钙、 维生素E	★山药牛奶燕麦粥 全麦面包 鸡蛋	❶山药50克洗净，去皮切块。❷将牛奶500毫升倒入锅中，放入山药、燕麦片50克，小火煮，边煮边搅拌，煮至麦片、山药熟烂，加入白糖即可。 功效：预防缺钙引起的腿抽筋。
午餐 关键营养素： 铁、锌、蛋白质	★胡萝卜牛肉丝 米饭1碗 西红柿蛋汤	❶牛肉50克洗净切丝，用姜末、干淀粉、料酒调味，腌10分钟。❷胡萝卜100克洗净切丝。❸将牛肉丝入锅翻炒，快熟时放入胡萝卜丝一起炒匀，调入盐即可。 功效：牛肉有助于改善准妈妈的体质。
午间加餐 关键营养素： 色氨酸、镁、钾	★拔丝香蕉	❶香蕉2根去皮切块；鸡蛋1个打匀，与面粉搅匀，调成糊。❷油锅烧至五成热时放入白糖，加少许水，用小火慢慢熬至金黄能拉出丝。❸另起油锅烧热，香蕉块裹上面糊投入油中，炸至金黄色时捞出，倒入糖汁中拌匀即可。 功效：香蕉有宁神静心、缓解紧张的作用。
晚餐 关键营养素： 蛋白质、钙、 B族维生素	★什锦烧豆腐 蛋炒饭	❶豆腐洗净，切块；香菇、笋尖、鸡肉洗净，切片。❷将姜末、虾米和香菇煸炒出香味，放豆腐块和鸡片、笋片，加料酒炒匀，加水略煮，放盐调味即可。 功效：增强准妈妈的体质，改善睡眠。
晚间加餐 关键营养素： 维生素C、镁、钾、钙	★香蕉哈密瓜沙拉	❶香蕉1根去皮，取果肉待用。❷哈密瓜200克去皮，果肉切成小块。❸香蕉切成厚度合适的片状，与哈密瓜一块儿放在盘中，把酸奶200毫升倒入盘中，拌匀即可。 功效：香蕉可以缓解焦虑的情绪。

第20周 继续补钙

现在是胎宝宝骨骼发育的关键时期，准妈妈要摄取充足的钙，多吃一些含钙丰富的虾、豆制品、鸡蛋等食物，还有助于预防缺钙导致的腿抽筋。

第20周	营养搭配	这样做更营养
早餐 关键营养素： 蛋白质、钙、维生素A、卵磷脂	★肉蛋羹 面包	❶猪肉50克剁成泥。❷鸡蛋1个打入碗中，加入和鸡蛋液一样多的凉开水，加入肉泥、盐，朝一个方向搅匀，然后上锅蒸15分钟。❸出锅后，淋上一点香油，撒上香菜即可。 功效：常吃鸡蛋有助于补钙。
午餐 关键营养素： 钙、锌、蛋白质	★五彩虾仁 米饭 西红柿蛋汤	❶山药100克去皮，盐水浸泡后切长条；青椒、胡萝卜各30克洗净切条。❷虾仁100克洗净，放盐、料酒、白糖腌20分钟。❸将虾仁、胡萝卜同炒至断生，放入青椒，炒熟，淋上香油即可。 功效：补钙有助于防止腿抽筋。
午间加餐 关键营养素： 钙、蛋白质、镁、钾、卵磷脂	★五谷豆浆	❶黄豆40克洗净，浸泡10~12小时。❷大米、小米、小麦仁、玉米渣各10克和泡发的黄豆放入全自动豆浆机中，制成豆浆。❸待豆浆制作完成后过滤，加白糖调味。 功效：补钙效果更明显。
晚餐 关键营养素： 钙、蛋白质、不饱和脂肪酸	★丝瓜豆腐鱼头汤 虾肉水饺	❶丝瓜150克洗净切段；鱼头1个洗净，劈开两半；豆腐100克切块。❷将姜片爆香，放入鱼头，加适量水，用大火烧沸，煲10分钟。❸放入豆腐和丝瓜，再用小火煲15分钟，加盐调味即可。 功效：补钙促进胎宝宝的骨骼和牙齿发育。
晚间加餐 关键营养素： 钙、蛋白质、碳水化合物	★水果酸奶全麦吐司	❶将全麦吐司2片放在烤面包机中略烤一下，切成方丁。❷所有水果洗净，去皮，切成小块。❸将酸奶200毫升盛入碗中，调入适量蜂蜜，再加入全麦吐司丁、水果块搅拌均匀。 功效：提高准妈妈的食欲。

第21周 补铁预防贫血

到本周,准妈妈和胎宝宝对铁质的需要量增大,所以准妈妈要多吃一些动物肝脏、牛肉、瘦肉等富含铁的食物。

第21周	营养搭配	这样做更营养
早餐 关键营养素: 铁、维生素C、 碳水化合物	★香菇红枣粥 苹果	❶香菇2朵、鸡肉30克洗净,切丁;红枣3个、大米50克洗净。❷大米、红枣、香菇、鸡肉放入砂锅中,加入盐、料酒、白糖、适量水,熬煮成粥即可。 功效:铁和维生素C同补有助于提高铁的吸收率。
午餐 关键营养素: 钙、铁、磷、钾、 蛋白质	★孜然鱿鱼 米饭 丝瓜蛋汤	❶鱿鱼150克洗净,切片后焯一下,捞出沥干。❷油锅中放入鱿鱼和青椒丁、胡萝卜丁、洋葱片各20克翻炒,加盐、醋、料酒、孜然调味即可。 功效:对胎宝宝骨骼和造血十分有益。
午间加餐 关键营养素: 铁、钙、蛋白质、 卵磷脂	★肉蛋羹	❶瘦肉50克洗净,剁成泥。❷鸡蛋1个打入碗中,加入和鸡蛋液一样多的凉开水,加入肉泥,放少许盐,朝一个方向搅匀,上锅蒸15分钟。❸出锅后,淋上香油,撒适量香菜即可。 功效:补铁,预防缺铁性贫血。
晚餐 关键营养素: 铁、蛋白质、钙	★萝卜炖羊肉 花卷	❶羊肉200克洗净切块;白萝卜100克洗净,切块。❷将羊肉、姜片、盐放入锅中,加适量水,烧开后熬1小时。❸放入萝卜块煮熟,加入香菜调味即可。 功效:补血益气、温中暖胃。
晚间加餐 关键营养素: 维生素C、膳食纤维、 铁、钾	★菠菜柳橙汁	❶菠菜择洗干净,焯水;柳橙、胡萝卜、苹果洗净。❷柳橙(带皮)、胡萝卜与苹果切碎,与菠菜一起放入榨汁机榨汁即可。 功效:维生素C有助于铁的吸收。

第22周 吃些淡化妊娠斑的食物

准妈妈这时候可能会出现妊娠斑、妊娠纹，要多补充维生素C、维生素E，多吃些西红柿、酸奶、猪蹄等，这些食物对淡化妊娠斑和妊娠纹有较好效果。

第22周	营养搭配	这样做更营养
早餐 关键营养素： 维生素E、蛋白质、钙	★牛奶梨片粥 香菇肉包	❶将牛奶250毫升加白糖烧沸，放入大米20克和适量水，烧沸后用小火焖成稠粥，放入蛋黄1个，熟后关火。❷梨1个去皮去核，切成厚片，加白糖蒸15分钟。❸将柠檬榨成汁，淋在梨片上，拌匀。❹将粥盛入碗中，粥面放数块梨片即可。 功效：维生素E有助于淡化妊娠斑。
午餐 关键营养素： 维生素C、钙、 蛋白质	★西红柿炖豆腐 米饭 小炒肉	❶将西红柿1个洗净切片，放入锅中炒出汤。❷豆腐100克切块，放到西红柿汤中，加水、盐，大火煮开，改小火慢炖20分钟即可。 功效：防止色素沉积，淡化斑纹。
午间加餐 关键营养素： 维生素C、 碳水化合物	★芒果西米露	❶西米50克用水浸至变大，放入沸水中，煮至透明状取出，沥干，放入碗内。❷芒果3个取肉切粒，放入搅拌机中，放入适量白糖，搅拌成芒果甜浆。❸将芒果甜浆倒在西米上拌匀。 功效：维生素C能使皮肤细腻白皙。
晚餐 关键营养素： 钙、蛋白质、 维生素C、膳食纤维	★豆浆莴笋汤 米饭 豆芽炒肉丁	❶莴笋100克洗净去皮，切成条；莴笋叶切成段。❷油锅烧热，放蒜末、莴笋条、盐，大火炒至断生。❸放入莴笋叶，并倒入豆浆200毫升，大火煮5分钟即可。 功效：膳食纤维能让皮肤保持弹性。
晚间加餐 关键营养素： 维生素E、膳食纤维	★全麦饼干	功效：含有丰富的膳食纤维、维生素E和锌、钾等矿物质，有助于准妈妈淡化妊娠纹和妊娠斑。

第23周 保证维生素A的摄入量

准妈妈现在不能过量摄入高蛋白的食物，以免引起腹胀、食欲减退、头晕、疲倦等现象。但要保证维生素A的摄入量，以促进胎宝宝视力的发育。

第23周	营养搭配	这样做更营养
早餐 关键营养素： 钾、镁、色氨酸、碳水化合物	★香蕉粥 包子	❶香蕉1根去皮切丁；大米30克洗净。❷锅中倒入适量水，加大米，用大火煮沸。❸再加入香蕉丁、冰糖，改用小火熬30分钟即成。 功效：香蕉有润肠通便、促进睡眠的作用。
午餐 关键营养素： 维生素A、维生素B$_{12}$、铁	★盐水鸡肝 米饭 海带白萝卜汤	❶鸡肝150克洗净，放入锅中，加适量水、盐、料酒同煮，至鸡肝熟透。❷取出鸡肝，放凉，切片，加醋、香油、香菜拌匀即可。 功效：增强准妈妈的抵抗力。
午间加餐 关键营养素： 碳水化合物、膳食纤维、钾	★土豆饼	❶土豆50克洗净，去皮，切丝；西蓝花50克洗净，焯烫，切碎；土豆丝、西蓝花、面粉、盐、适量水一起搅匀。❷将搅拌好的土豆饼糊倒入煎锅中，两面煎黄即可。 功效：为准妈妈补充充足的体力。
晚餐 关键营养素： 维生素A、维生素D、蛋白质	★鲤鱼冬瓜汤 米饭 小炒肉	❶鲤鱼300克收拾干净；冬瓜去皮，去瓤，切成薄片。❷将鲤鱼、冬瓜、葱段同放锅中，加适量水，炖熟后加盐即可。 功效：促进胎宝宝骨骼和视力的发育。
晚间加餐 关键营养素： 维生素C、钾、磷	★猕猴桃香菇汁	❶猕猴桃2个和香蕉1根去皮，切成块。❷把猕猴桃和香蕉果肉放入榨汁机中，加入凉开水榨成汁。❸加入适量蜂蜜调匀即可。 功效：促进胎宝宝造血系统的健全。

第24周 继续补充维生素C

除了淡化妊娠纹、妊娠斑外,维生素C还有助于准妈妈防治牙龈出血、促进铁的吸收,准妈妈可以常吃些苹果、猕猴桃、草莓、柳橙等。

第24周	营养搭配	这样做更营养
早餐 关键营养素: 维生素C、钙、钾、膳食纤维	★紫苋菜粥 鸡蛋 橙子	❶紫苋菜30克洗净,大米30克淘洗干净。❷紫苋菜用水煎后,取汁和大米同煮至米烂粥稠即可。 功效:有助于消除心烦气闷。
午餐 关键营养素: 维生素A、维生素C、维生素E	★爽口圆白菜 米饭 杂蔬鸡丝汤	❶圆白菜200克洗净去老茎,切菱形片。❷油锅烧热,入姜末、蒜末爆香。❸放入圆白菜大火快炒至断生,出锅前放盐。❹盛入盘中,淋入香油即可。 功效:补充丰富的维生素。
午间加餐 关键营养素: 蛋白质、维生素C、镁、钙、铁、钾	★水果拌酸奶	❶香蕉去皮,草莓洗净去蒂,苹果、梨洗净去核,均切成小块。❷将水果盛入碗内,倒入新鲜酸奶200毫升,以没过水果为好,拌匀即可。 功效:增强抵抗力,预防牙龈出血。
晚餐 关键营养素: 维生素C、钙、蛋白质	★奶汁烩生菜 肉末菜粥	❶生菜150克、西蓝花100克洗净,切小块。❷锅中倒入切好的菜翻炒,加盐、高汤等调味,盛盘。❸煮牛奶150毫升,加一些高汤、淀粉,熬成浓汁浇在菜上即可。 功效:让准妈妈更有胃口。
晚间加餐 关键营养素: 维生素C、铁、钙、蛋白质	★西红柿菠菜蛋花汤	❶西红柿1个洗净切片;菠菜50克洗净切段;鸡蛋1个打散。❷油锅烧热,放入西红柿片煸出汤汁,加水烧沸。❸放入菠菜段、蛋液、盐,再次煮3分钟,出锅时滴入香油。 功效:增强准妈妈的抵抗力。

第25周 严格控制钠盐的摄入

为了预防妊娠高血压综合征，准妈妈日常饮食以清淡为佳，少吃动物性脂肪，减少盐分的摄入量，忌吃咸菜、咸蛋等盐分高的食品。

第25周	营养搭配	这样做更营养
早餐 关键营养素： 锌、钾、磷、B族维生素、维生素E	★花生紫米粥 面包 苹果	❶紫米30克洗净，放入锅中，加适量水煮30分钟。 ❷放入花生米20克煮至熟烂，加白糖调味即可。 功效：对体虚、贫血的准妈妈有补益作用。
午餐 关键营养素： 蛋白质、锌、铁、钾	★土豆炖牛肉 米饭 西红柿蛋汤	❶牛肉200克洗净，切块；土豆200克洗净，去皮，切成滚刀块。❷锅中放入葱段、牛肉块炒香，加盐、适量橘皮水，大火烧熟，撇去浮沫。❸改用小火焖至快烂时，加土豆、料酒，继续焖至牛肉软烂。 功效：改善准妈妈体虚贫血的状况。
午间加餐 关键营养素： 碳水化合物、维生素E、锌	★全麦面包	功效：全麦面包含有丰富膳食纤维、维生素E和锌、钾等矿物质，营养价值比白面包高，很适合准妈妈食用。
晚餐 关键营养素： 锌、赖氨酸、蛋白质	★双鲜拌金针菇 汤面 香蕉	❶金针菇200克洗净，焯烫，沥水。❷鱿鱼200克处理干净，切成细丝，与姜片一起余熟。❸将上述食材和熟鸡肉100克加盐、香油拌匀即可。 功效：促进胎宝宝智力的发育。
晚间加餐 关键营养素： 维生素C、卵磷脂、碳水化合物	★西红柿面疙瘩	❶面粉80克边加水边用筷子搅拌成颗粒状；鸡蛋1个打散；西红柿1个洗净，切小块。❷油锅烧热，放西红柿煸出汤汁，加水烧沸。❸将面粉慢慢倒入西红柿汤中，煮3分钟后，淋入蛋液，放盐调味。 功效：促进胎宝宝大脑的发育。

第26周 吃对食物消水肿

准妈妈这周可能会发现自己水肿了，尤其是下肢更为明显，这时候食用一些冬瓜、鲫鱼、鸭汤等食物，有较好的消水肿效果。

第26周	营养搭配	这样做更营养
早餐 关键营养素： 维生素C、铁、 维生素B$_6$	★蜜枣南瓜 烤馒头片	❶南瓜洗净，切丁；蜜枣、枸杞子用温水泡发。❷南瓜丁放在盘里，加入蜜枣、枸杞子，入蒸笼蒸15分钟，取出扣入碗里。❸油锅烧热，放入白糖，加适量水，小火熬制成汁，浇在蜜枣南瓜上即可。 功效：南瓜对缓解抑郁症状有一定的帮助。
午餐 关键营养素： 蛋白质、钙、磷	★清炖鲫鱼 米饭 清炒茼蒿	❶鲫鱼1条处理干净后，放入油锅中煎炸至微黄，放入冬笋，加适量水煮沸。❷白菜100克洗净切块，豆腐切成小块。❸白菜块、豆腐块50克放入鲫鱼汤中，煮熟后加盐调味即可。 功效：鲫鱼汤有很好的消除水肿的作用。
午间加餐 关键营养素： 碳水化合物、 膳食纤维	★全麦饼干 牛奶	功效：全麦饼干含有丰富膳食纤维、维生素E和锌、钾等矿物质，很适合准妈妈食用。
晚餐 关键营养素： 碘、硒、钙、 碳水化合物	★什锦海鲜面	❶虾仁50克洗净；鱿鱼50克、瘦肉50克切片。❷锅中炒香葱段和肉片，放入香菇和适量水煮开。❸再放入鱿鱼、虾仁煮熟，加盐调味后将汤盛入碗中。❹面条煮熟，捞起放入汤里即可。 功效：补充脑力，迅速排毒，增强体质。
晚间加餐 关键营养素： 碳水化合物、 维生素C、钾	★银耳樱桃粥	❶银耳泡软，洗净，撕成片；樱桃洗净；大米洗净。❷锅中加适量清水，放入大米熬煮。❸待米粒软烂时，加入银耳和冰糖，稍煮，放入樱桃，加糖桂花拌匀即可。 功效：樱桃可以增强体质，健脑益智。

第27周 适当减少热量的摄入

此时是妊娠高血压、糖尿病的高发期，所以准妈妈要在保证营养的基础上，适当减少热量摄入。饮食上要做到荤素搭配，避免偏食。

第27周	营养搭配	这样做更营养
早餐 关键营养素： 膳食纤维、钾、钙、磷、铁	★莴笋瘦肉粥 蛋挞	❶莴笋50克切丝；大米30克洗净；猪肉50克切成末，加盐腌10分钟。❷锅中放入大米，加适量水，煮沸后加莴笋、猪肉，煮至米烂时，加盐、茶油搅匀即可。 功效：莴笋具有通便利尿的功效。
午餐 关键营养素： 蛋白质、卵磷脂、钙、不饱和脂肪酸	★香肥带鱼 米饭 香蕉	❶带鱼200克切成长块，用盐拌匀腌10分钟，再拌上淀粉。❷将带鱼块炸至金黄色捞出。❸锅内加适量水，再放入牛奶150毫升和木瓜块，待汤汁烧沸时放盐、水淀粉，不断搅拌；最后将汤汁连同木瓜块浇在带鱼块上即可。 功效：对体虚的准妈妈有一定的补益作用。
午间加餐 关键营养素： 碳水化合物、膳食纤维、B族维生素、硒	★全麦吐司面包 牛奶	功效：全麦吐司面包中所含有的硒等微量矿物质，能够帮助准妈妈缓解焦躁的情绪。膳食纤维具有很好的降糖效果。
晚餐 关键营养素： B族维生素、锌、膳食纤维	★黑豆饭 油菜蘑菇汤	❶黑豆20克、糙米30克洗净，放在大碗里泡几个小时。❷连米带豆，带泡米水，一起倒入电饭煲焖熟即可。 功效：营养素更均衡，有助于预防妊娠高血压综合征。
晚间加餐 关键营养素： 维生素C、膳食纤维、钾、镁	★酸奶草莓露	❶草莓100克洗净、去蒂，放入榨汁机中，加入酸奶250毫升，一起搅打成糊状。❷放入适量白糖即可。 功效：使胎宝宝的皮肤更白皙。

第28周 继续补铁

在现阶段，准妈妈每日所需的铁量为20~30毫克，准妈妈只要常吃含铁丰富的食物，一般不会缺铁。补铁的同时注意维生素C的摄入，这样有利于铁的吸收。

第28周	营养搭配	这样做更营养
早餐 关键营养素： 铁、磷、钙、锌	★腐竹玉米猪肝粥 芹菜肉包 鸡蛋	❶鲜腐竹20克洗净，切段；大米30克、玉米粒20克洗净，浸泡。❷猪肝洗净，稍烫后切薄片，用盐腌制调味。❸将腐竹段、大米、玉米粒放入锅中，加水熬煮至熟。❹将猪肝放入锅中，转大火再煮10分钟，放盐调味即可。 功效：帮助准妈妈补铁，预防贫血。
午餐 关键营养素： 铁、钙、磷、维生素C	★芝麻茼蒿 米饭 排骨玉米汤	❶茼蒿300克洗净，切段，用开水略焯。❷锅中加入植物油，将芝麻20克在油里过一下后立即捞出，放入茼蒿中，加入盐、香油拌匀即可。 功效：促进胎宝宝骨骼发育和血液合成。
午间加餐 关键营养素： 碘、钙、铁、 碳水化合物	★紫菜包饭	❶黄瓜1根洗净，切条，加醋腌制30分钟；糯米50克蒸熟，倒入醋，拌匀；鸡蛋1个打散，将鸡蛋摊成饼，切丝。❷将糯米平铺在紫菜上，再摆上黄瓜条、鸡蛋丝、沙拉酱，卷起，切厚片即可。 功效：增强准妈妈的抵抗力。
晚餐 关键营养素： 钙、铁、蛋白质	★红烧牛肉面 猕猴桃	❶西红柿1个洗净去皮，切片。❷将葱段、冰糖、盐放入沸水中，大火煮4分钟，制成汤汁。❸将牛肉50克、西红柿放入汤汁中，将牛肉煮熟，然后取出晾凉切片。❹将面条100克放入汤汁中煮熟，盛入碗中，放入牛肉片即可。 功效：增强抵抗力、改善贫血。
晚间加餐 关键营养素： 维生素C、钙、蛋白质	★水果拌酸奶	❶香蕉、黄瓜、梨洗净，去皮切块；草莓洗净，去蒂切块。❷倒入酸奶拌匀即可。 功效：维生素C有助于铁的吸收。

第29周 适当补充碳水化合物和脂肪

孕晚期是胎宝宝在肝脏和皮下储存糖原和脂肪的关键时期，所以，碳水化合物和脂肪的摄入是准妈妈饮食的重点，但也不能过量。

第29周	营养搭配	这样做更营养
早餐 关键营养素： 碳水化合物、磷、钾	★银耳鸡汤 青菜面片	❶将银耳20克洗净，用温水泡发后去蒂。❷将银耳放入砂锅中，加入适量鸡汤，用小火炖30分钟左右。❸待银耳炖透后放入盐调味即可。 功效：吃银耳能滋阴润肺、养胃生津。
午餐 关键营养素： 蛋白质、脂肪、 B族维生素	★老鸭汤 米饭 烧茄子	❶鸭肉200克洗净，切块；酸萝卜200克洗净，切片；豆腐100克切块。❷把鸭块倒入锅中翻炒至金黄色。❸水烧开，倒入炒好的鸭块、酸萝卜，加入橘皮、豆腐、盐，用慢火煨至肉烂即可。 功效：鸭肉能温胃养颜、增强抵抗力。
午间加餐 关键营养素： 脂肪、维生素A、钙、 磷、钾	★开心果	功效：开心果中含有丰富的油脂，有润肠通便的作用，有助于排出体内毒素，非常适合便秘的准妈妈食用。
晚餐 关键营养素： 蛋白质、B族维生素、 碳水化合物	★豆角焖米饭 水果沙拉1份	❶豆角20克、大米80克洗净。❷豆角切粒，放在油锅里略炒一下。❸将豆角粒和大米放入电饭锅，加适量水，焖熟即可，可根据口味适当加盐调味。 功效：有助于胎宝宝皮肤的发育。
晚间加餐 关键营养素： 蛋白质、维生素、 碳水化合物	★山药糊	❶山药300克去皮，洗净，以文火煮烂。❷煮好的山药捣成糊状，加少许白糖调味即可。 功效：山药能促进肠蠕动，预防、治疗便秘。

第30周 B族维生素缓解疲劳

　　孕晚期胎宝宝的营养需求达到了最高峰，需要摄入充足的蛋白质、维生素C、叶酸、B族维生素、铁质和钙质。B族维生素还能缓解准妈妈的疲劳症状。

第30周	营养搭配	这样做更营养
早餐 关键营养素： 蛋白质、脂肪、 B族维生素	★小米鸡蛋粥 煎包	❶小米30克洗净；鸡蛋1个打散。❷小米放入锅中，加适量水，煮熟后淋入蛋液，调入红糖即可。 功效：小米有温补脾胃的作用。
午餐 关键营养素： 维生素B₂、蛋白质、 脂肪、烟酸	★素火腿 茄子焖面 鱼片汤	❶油豆腐皮100克用冷水浸一下，取出；将虾150克清理干净，用盐、白糖、高汤、香油抓拌。❷将虾摆在油豆腐皮上，卷成卷儿，在蒸锅中蒸熟，切成段即可。 功效：有助于缓解准妈妈的疲劳。
午间加餐 关键营养素： 膳食纤维、维生素B₂、 碳水化合物	★全麦面包	功效：全麦面包含有丰富的膳食纤维、维生素E和锌、钾等矿物质，营养价值比白面包高，很适合准妈妈食用。
晚餐 关键营养素： 钙、碘、膳食纤维	★海带焖饭 羊杂蔬菜汤	❶将大米30克淘洗干净；水发海带30克洗净，切成小块。❷锅中放入大米和适量水，用大火烧沸后放入海带块，小火煮至米粒涨开，加盐调味。❸再用小火焖15分钟即可。 功效：为准妈妈补充丰富的矿物质。
晚间加餐 关键营养素： 蛋白质、维生素A、 卵磷脂	★肉蛋羹	❶瘦肉50克洗净，剁成泥。❷鸡蛋1个打入碗中，加入和鸡蛋液一样多的凉开水，加入肉泥，放少许盐，朝一个方向搅匀，上锅蒸15分钟。❸出锅后，淋上香油，撒适量香菜即可。 功效：促进胎宝宝智力的发育。

维生素B₂的含量用B_2表示

第31周 保证优质蛋白质的摄入

现阶段准妈妈的基础代谢率增至最高峰，胎宝宝生长速度也增至最高峰，所以要注意优质蛋白质的摄入，每日需要摄取85~100克蛋白质。

第31周	营养搭配	这样做更营养
早餐 关键营养素： 蛋白质、钙、膳食纤维、碳水化合物	★牛奶山药枸杞子燕麦粥 全麦面包	❶山药100克去皮，洗净，切小块。❷牛奶250毫升倒入锅中，放入枸杞子、燕麦片80克、山药，用小火边煮边搅拌，煮至麦片、山药熟烂，加入冰糖即可。 功效：易于消化，可以强壮胎宝宝骨骼。
午餐 关键营养素： 蛋白质、维生素C、卵磷脂	★西蓝花鹌鹑蛋汤 米饭 豌豆鸡丝	❶西蓝花100克切小朵。❷鹌鹑蛋2个煮熟剥皮；鲜香菇5朵、西红柿1个洗净，切块。❸将鲜香菇、鹌鹑蛋、西蓝花同煮至熟，加盐调味。❹装盘时，放入西红柿块即可。 功效：有益于胎宝宝大脑的发育。
午间加餐 关键营养素： 蛋白质、不饱和脂肪酸、维生素E	★松仁鸡肉卷	❶鸡肉100克洗净，切成薄片。❷虾仁50克剁成蓉，加盐、料酒、蛋清和淀粉搅匀。❸在鸡肉片上放虾蓉和松仁20克，卷成卷儿，入蒸锅大火蒸6~8分钟即可。 功效：鸡肉有助于增强准妈妈的体质。
晚餐 关键营养素： 脂肪、维生素C、矿物质	★栗子扒白菜 米饭 西红柿炖豆腐	❶栗子100克去皮，洗净，在油锅内过油，取出。❷白菜300克洗净，切成小片煸炒后盛出。❸另起油锅烧热，葱花、姜末炒香，放入白菜与栗子翻炒，加水适量，熟后用水淀粉勾芡，加盐调味即可。 功效：补充丰富的维生素和矿物质。
晚间加餐 关键营养素： 蛋白质、钙	★牛奶	功效：在傍晚或睡前半小时喝1杯牛奶，可以改善准妈妈的失眠症状。

第32周 补充膳食纤维缓解便秘

　　子宫越来越大，进一步挤压直肠，准妈妈的便秘可能会加重，这时候要适当多吃一些富含膳食纤维的食物，同时减少钙剂摄入，避免便秘加重。

第32周	营养搭配	这样做更营养
早餐 关键营养素： B族维生素、钙、 铁、磷	★木耳粥 小笼包	❶木耳15克温水发透，撕成瓣状；大米30克洗净。❷大米、木耳放入锅内，加水，用大火烧沸，改小火煮30分钟即可。 功效：滋肾益胃，还可缓解便秘。
午餐 关键营养素： 碘、钙、蛋白质、 维生素C、膳食纤维	★凉拌海蜇 米饭 油菜蘑菇汤	❶海蜇皮150克洗净切丝，浸泡去咸味；用五六成热的热水把海蜇丝烫一下，捞出过凉。❷把醋、香油、盐放在小碗中调匀。❸把黄瓜丝50克先放盘里，再把海蜇丝挤干水分放在黄瓜丝上面，浇上调料汁拌匀即可。 功效：海蜇皮有助于清洁肠胃。
午间加餐 关键营养素： 维生素E、膳食纤维、 碳水化合物	★全麦面包	功效：全麦面包富含膳食纤维，有助于促进胃肠蠕动，缓解便秘症状。
晚餐 关键营养素： 氨基酸、维生素B$_1$、 膳食纤维	★丝瓜金针菇 米饭 西红柿炖豆腐	❶丝瓜150克洗净，去皮切段。❷金针菇100克洗净，放入沸水中略焯。❸锅中放入丝瓜翻炒，再放金针菇拌炒，熟后用盐调味，用水淀粉勾芡即可。 功效：维生素B$_1$有利于胎宝宝大脑发育。
晚间加餐 关键营养素： 膳食纤维、维生素C、 碳水化合物	★炒红薯泥	❶红薯200克蒸熟后，去皮，捣成薯泥，加白糖拌匀。❷锅中放植物油烧热，倒入红薯泥，快速翻炒，待红薯泥翻炒至变色后即可。 功效：有很好的缓解便秘效果。

第33周 孕晚期要注重补锌

准妈妈在本月就要开始适当摄入含锌食物，锌不仅可以促进胎宝宝的智力发育，还能为分娩做准备，在分娩时促进子宫收缩，使分娩顺利。

第33周	营养搭配	这样做更营养
早餐 关键营养素： 锌、铁、钙、 B族维生素	★花生紫米粥 生煎包	❶紫米30克、糯米30克分别淘洗干净；红枣去核洗净。❷在锅内放入水、紫米和糯米，大火煮沸，再改用小火煮到粥熟时，加入红枣3个、花生仁10粒煮至熟烂，最后以白糖调味即可。 功效：锌能缓解准妈妈的抑郁症状。
午餐 关键营养素： 锌、胶原蛋白、钙	★黄豆猪蹄汤 大米饭 清炒油菜	❶黄豆50克放入水中浸泡1小时；猪蹄1只处理干净。❷锅中倒入适量水，放入猪蹄、黄豆、葱段、姜片、料酒，炖至猪蹄熟烂。❸加盐调味即可。 功效：补锌对防治腿抽筋有一定的作用。
午间加餐 关键营养素： 维生素A、磷、钾、钙	★开心果	功效：开心果中含有丰富的油脂，有润肠通便的作用，有助于排出体内毒素，非常适合便秘的准妈妈食用。
晚餐 关键营养素： 蛋白质、钙、铁、B族 维生素	★鱼香肝片 米饭	❶青椒1个洗净切片；猪肝50克洗净切片，用料酒、盐、干淀粉浸泡；将白糖、醋、高汤及剩余的干淀粉调成粉芡。❷锅中放入葱末爆香，加入浸好的猪肝炒几下，再放入青椒，熟后倒入粉芡即可。 功效：猪肝有养血补肝、清心明目的作用。
晚间加餐 关键营养素： 膳食纤维、维生素C、 铁、锌	★柳橙苹果菠菜汁	❶柳橙、苹果分别洗净，去皮，去子，切成小块；菠菜择洗干净，切小段。❷将柳橙、苹果、菠菜放入榨汁机中，加1杯纯净水，榨汁即可。 功效：苹果能增减食欲，缓解便秘。

第34周 还要继续补钙

到了现在，准妈妈每日对钙的需求量增加到1200毫克。因此无论是通过食物补充，还是通过钙剂补钙，都要保证摄入量充足，但也不宜过量。

第34周	营养搭配	这样做更营养
早餐 关键营养素： 钙、蛋白质、脂肪	★火腿奶酪三明治 豆浆	❶生菜叶1片洗净；西红柿1个洗净切片；火腿切片。 ❷在3片面包片上依次铺上火腿片、奶酪、西红柿片、生菜叶即可。 功效：营养素摄取更全面。
午餐 关键营养素： 蛋白质、钙、维生素	★爆炒鸡肉 米饭 豆浆莴笋汤	❶胡萝卜30克、土豆30克洗净，切块；香菇30克切片；鸡肉150克切丁，用干淀粉腌10分钟。❷锅中放入鸡丁翻炒，再放入胡萝卜块、土豆块、香菇片，加适量水，煮至土豆绵软即可。 功效：改善营养不良、体质虚弱。
午间加餐 关键营养素： 卵磷脂、蛋白质、钙	★家常鸡蛋饼	❶鸡蛋2个打散，倒入面粉50克，加适量高汤、葱花、盐调匀。❷平底锅中倒油烧热，慢慢倒入面糊，摊成饼，小火慢煎。待一面煎熟，再翻过来煎另一面至熟。 功效：促进胎宝宝神经系统发育完善。
晚餐 关键营养素： 维生素C、钙、蛋白质	★雪菜肉丝面	❶瘦肉100克切丝，加料酒拌匀。❷锅中放入瘦肉翻炒，加葱花、雪菜末翻炒，加盐调味。❸面条100克煮熟后盛出，将炒好的雪菜肉丝放在面条上即可。 功效：补钙能防止准妈妈腿抽筋。
晚间加餐 关键营养素： 维生素C、钾、碳水化合物	★橘瓣银耳羹	❶将银耳15克泡发后洗净备用；橘子去皮，掰成瓣备用。❷将银耳放入锅中，加适量水，大火烧沸后转小火，煮至银耳软烂。❸将橘瓣和冰糖放入锅中，再用小火煮5分钟即可。 功效：生津润燥、理气开胃。

第35周 吃对食物缓解紧张不安

此时,准妈妈有些紧张不安,可以食用一些葡萄、银耳、芝麻、莲子、糯米、麦片等,这些食物具有化解紧张情绪的功效。

第35周	营养搭配	这样做更营养
早餐 关键营养素: B族维生素、钾、磷	★香菇鸡汤面	❶香菇2个洗净,切片;鸡肉100克切片。❷锅中放入鸡肉,加盐炒至八成熟,盛出。❸将香菇入油锅略煎,盛出。❹面条100克、青菜煮熟,盛入碗中,把鸡肉、香菇摆在面条上即可。 功效:易于消化,能增强抵抗力。
午餐 关键营养素: B族维生素、蛋白质、钙、锌、铁	★菠菜鸡煲 汤面1碗	❶鸡肉150克剁成小块;菠菜100克洗净焯烫;香菇3朵洗净,切块;冬笋切成片。❷将鸡块、香菇翻炒,放料酒、盐、冬笋,炒至鸡肉熟烂。❸菠菜放在砂锅中铺底,将炒熟的鸡块倒入即可。 功效:预防准妈妈精神抑郁、失眠。
午间加餐 关键营养素: 维生素A、磷、钾、钙	★开心果	功效:吃零食有助于缓解准妈妈紧张情绪。开心果中含有丰富的油脂,有润肠通便的作用,有助于排出体内的毒素,非常适合便秘的准妈妈食用。
晚餐 关键营养素: 维生素B₆、铁、维生素C	★南瓜紫菜鸡蛋汤 馒头	❶南瓜100克洗净,切块;紫菜泡发后洗净;鸡蛋1个打入碗内搅匀。❷将南瓜块放入锅内,煮熟,放入紫菜,煮10分钟,倒入蛋液搅散,出锅前放盐即可。 功效:南瓜有助于缓解精神紧张、抑郁。
晚间加餐 关键营养素: 维生素C、铁、钾、镁、色氨酸	★菠菜香蕉奶汁	❶菠菜50克择洗干净,去根,切碎;香蕉1根剥皮,切段。❷将菠菜与香蕉放进榨汁机中,加牛奶250毫升榨汁,汁成撒上熟花生碎即可。 功效:香蕉有助于缓解准妈妈产前抑郁。

第36周 补充维生素K

维生素K是影响骨骼和肾脏组织形成的必要物质,还参与一些凝血因子的合成,所以现在准妈妈要适当补充维生素K,可以促进血液正常凝固、预防新生儿出血。

第36周	营养搭配	这样做更营养
早餐 关键营养素: 脂肪、维生素E、维生素K	★核桃百合粥 全麦面包	❶鲜百合20克洗净,掰成片;大米30克洗净。❷将大米、核桃仁20克、百合、黑芝麻10克放入锅中,加适量水,煮至米烂粥稠即可。 功效:核桃有补气养血、润燥通便的作用。
午餐 关键营养素: 钙、蛋白质、维生素C、维生素K、膳食纤维	★豆浆莴笋汤 米饭 豆芽炒肉丁	❶莴笋100克洗净去皮,切成条;莴笋叶切成段。❷锅中倒入植物油,烧至六成热时放蒜末、莴笋条、盐,大火炒至断生。❸放入莴笋叶,并倒入豆浆200毫升,大火煮5分钟即可。 功效:莴笋是补维生素K的理想蔬菜。
午间加餐 关键营养素: 蛋白质、脂肪、维生素、膳食纤维	★黑豆红糖饮	❶将黑豆洗净,浸泡12个小时;蒜瓣清洗干净。❷黑豆与蒜瓣、红糖同放锅中,加适量水,用小火煮至黑豆熟透时即可。 功效:有助于缓解水肿。
晚餐 关键营养素: 维生素C、蛋白质、钙、铁、磷	★西红柿鸡片 大米粥	❶鸡肉100克洗净,切片,加入盐、干淀粉腌制。❷荸荠20克洗净,切片;西红柿1个洗净,切丁。❸锅中放入鸡片,炒至变白成型,放入荸荠片、盐、白糖、西红柿丁,加水,烧开后用水淀粉勾芡即可。 功效:能清热解毒、健胃消食。
晚间加餐 关键营养素: 膳食纤维、碳水化合物	★全麦饼干	功效:全麦饼干含有丰富膳食纤维、维生素E和锌、钾等矿物质,很适合准妈妈食用。

第37周 补充维生素B$_{12}$

在孕晚期，胎宝宝的神经开始发育出起保护作用的髓鞘，这个过程将持续到出生以后。而髓鞘的发育依赖于维生素B$_{12}$，所以准妈妈要多吃富含维生素B$_{12}$的食物。

第37周	营养搭配	这样做更营养
早餐 关键营养素： 蛋白质、钙、锌	★鲜虾粥 牛奶	❶大米50克洗净，煮成粥。❷芹菜洗净，入沸水中氽烫，晾凉切碎。❸虾仁30克入沸水中煮熟。❹将芹菜、虾仁拌入粥锅中，用盐调味即可。 功效：增强准妈妈的抵抗力。
午餐 关键营养素： 维生素A、 维生素B$_{12}$、蛋白质	★鲤鱼冬瓜汤 南瓜米饭 芹菜香干	❶鲤鱼300克收拾干净；冬瓜去皮，去瓤，切成薄片。❷将鲤鱼、冬瓜、葱段同放锅中，加适量水，炖熟后加盐即可。 功效：促进胎宝宝骨骼和神经髓鞘的发育。
午间加餐 关键营养素： 蛋白质、脂肪、 维生素、钙、磷	★火腿奶酪三明治	❶生菜叶1片洗净；西红柿1个洗净切片；火腿切片。❷在面包片2片上依次铺上火腿片、奶酪、西红柿片、生菜即可。 功效：为准妈妈提供丰富的营养素和能量。
晚餐 关键营养素： 钙、铁、锌、蛋白质、 碳水化合物	★紫菜包饭 豆浆1杯	❶黄瓜洗净，切条，加醋腌制30分钟；糯米100克洗净后蒸熟，倒入醋，拌匀；鸡蛋1个打散，锅中将鸡蛋摊成饼，切丝。❷将糯米平铺紫菜上，再摆上黄瓜条、鸡蛋丝，抹上沙拉酱，卷起，切厚片即可。 功效：紫菜能促进胎宝宝骨骼、牙胚生长。
晚间加餐 关键营养素： 碳水化合物、铁、 膳食纤维	★白萝卜鲜藕汁	❶白萝卜50克洗净，捣烂取汁，鲜藕100克捣烂取汁。❷将白萝卜与鲜藕汁混合，加蜂蜜搅拌均匀即成。 功效：藕有助于缓解缺铁性贫血、便秘。

第38周 清淡饮食

准妈妈现在的饮食要清淡，多吃易于消化的食物，多吃虾皮、瘦肉等富含优质蛋白的食物。

第38周	营养搭配	这样做更营养
早餐 关键营养素： 蛋白质、膳食纤维、 碳水化合物	★玉米鸡丝粥 芝麻烧饼	❶大米30克、新鲜玉米粒50克洗净；鸡肉150克煮熟后，捞出，撕成丝。❷大米、玉米粒放入锅中，加适量水，煮至快熟时加入鸡丝，煮熟后加盐调味即可。 功效：补气养血、增强抵抗力。
午餐 关键营养素： 蛋白质、B族维生素、 钾、钙	★鲶鱼炖茄子 米饭 拌黄瓜	❶鲶鱼1条处理干净；茄子200克洗净，切条。❷用葱段、蒜末、姜丝炝锅，加入黄豆酱、白糖翻炒。❸加适量水，放入茄子和鲶鱼，炖熟后，加盐调味即可。 功效：吃鲶鱼能增强准妈妈的抵抗力。
午间加餐 关键营养素： 铁、钙、蛋白质、 卵磷脂	★肉蛋羹	❶瘦肉50克洗净，剁成泥。❷鸡蛋1个打入碗中，加入和鸡蛋液一样多的凉开水，加入肉泥，放少许盐，朝一个方向搅匀，上锅蒸15分钟。❸出锅后，淋上香油，撒适量香菜即可。 功效：促进胎宝宝大脑发育。
晚餐 关键营养素： 膳食纤维、B族维生素、 维生素C、铁	★金钩芹菜 豌豆粥1碗	❶芹菜250克择洗干净，切段，用开水略汆烫；虾米50克用温水泡10分钟。❷油锅烧热，下入葱末、姜末炝锅，放入芹菜、虾米翻炒熟，加盐、水淀粉勾芡即可。 功效：能缓解准妈妈腰背酸痛。
晚间加餐 关键营养素： 膳食纤维、维生素C、 钙、镁、磷	★草莓汁	❶草莓150克洗净，去蒂，放入榨汁机中，加适量温开水榨取汁液。❷汁倒入杯子内，加入蜂蜜即可。 功效：有清热去火、消暑除烦的作用。

第39周 为分娩储备体能

此时的准妈妈要学习一些分娩知识，随时检查自己的身体，以免发生意外。饮食上仍然是讲求清淡，吃饱吃好，储备体能，为分娩做好准备。

第39周	营养搭配	这样做更营养
早餐 关键营养素： 钙、锌、硒、 碳水化合物	★牡蛎粥 芝麻烧饼	❶大米30克洗净；牡蛎肉100克洗净；瘦肉30克切丝。 ❷大米放入锅中，加适量水，待米煮至开花时，加入瘦肉、牡蛎肉、料酒、盐，煮成粥后，加葱花即可。 功效：促进胎宝宝大脑发育。
午餐 关键营养素： 蛋白质、膳食纤维、 维生素A、B族维生素	★宫保素丁 米饭 西红柿炖豆腐	❶荸荠50克、胡萝卜50克、土豆50克分别切丁，焯烫；香菇4朵、木耳15克泡发切片。❷花生放入锅中煮熟透。❸用蒜末炝锅，将荸荠、胡萝卜、土豆、香菇、木耳、花生倒入翻炒，加豆瓣酱、盐、白糖炒匀，再加高汤用小火煮熟。 功效：荸荠有助于缓解便秘。
午间加餐 关键营养素： 碘、钙、蛋白质、 叶酸	★奶酪手卷	❶生菜1片洗净；西红柿洗净切片。❷铺好紫菜，再将糯米饭、奶酪1片、生菜、西红柿依序摆上，淋上沙拉酱并卷起即可。 功效：为准妈妈补充丰富的碘。
晚餐 关键营养素： 维生素A、维生素C、 膳食纤维、钾	★清炒茼蒿 汤面	❶茼蒿200克择洗干净，沥水切段。❷油锅烧热，将茼蒿放入快速翻炒，炒至颜色变深绿，菜变软时加入白糖、盐炒匀，出锅时放入蒜末即可。 功效：茼蒿有助于消食开胃、增加食欲。
晚间加餐 关键营养素： 蛋白质、钙、色氨酸	★牛奶	功效：牛奶富含色氨酸，在傍晚或睡前半小时喝一杯牛奶，可以改善准妈妈的睡眠。

第40周 产前适当进食缓解紧张

即将分娩，准妈妈不要过于紧张，越紧张，越容易难产。准妈妈此时要放松心情，在待产期适当进食，可消除产前心理紧张。若选择剖宫产，术前要禁食。

第40周	营养搭配	这样做更营养
早餐 关键营养素： 碳水化合物、蛋白质、 不饱和脂肪酸	★绿豆薏米粥 小笼包	❶薏米30克、绿豆30克洗净，用水浸泡；大米30克洗净。❷将绿豆、薏米、大米放入锅中，加适量水，煮至豆烂米熟即可。 功效：薏米有利产的功效，可以在产前吃。
午餐 关键营养素： 蛋白质、铁、 B族维生素	★口蘑腰片 米饭 芹菜肉丝	❶猪腰100克处理干净后，加盐、干淀粉拌匀；茭白50克、口蘑30克洗净，切片。❷爆香葱末，放入猪腰翻炒，再放入茭白、口蘑，加盐调味。❸放入适量水，待沸后淋上香油即可。 功效：猪腰有助于补铁补血。
午间加餐 关键营养素： 碳水化合物、硒、 膳食纤维、B族维生素	★全麦吐司面包	功效：全麦吐司面包中所含有的硒等微量矿物质营养素，能够帮助分娩前的准妈妈缓解紧张不安的情绪。
晚餐 关键营养素： 蛋白质、钙、 B族维生素	★三鲜汤面 香蕉	❶虾肉、鸡肉、海参洗净，分别切成薄片；香菇洗净切丝。❷面条煮熟，盛入碗中。❸锅中放虾肉、鸡肉、海参、香菇翻炒，变色后放入料酒和适量水，烧开后加盐调味，浇在面条上即可。 功效：有助于分娩前补充能量。
晚间加餐 关键营养素： 碳水化合物、磷、钾	★银耳羹	❶银耳20克洗净，切碎；樱桃、草莓洗净。❷将银耳放入锅中，加适量水，用大火烧开，转小火煮30分钟，加入冰糖、水淀粉，稍煮。❸加入樱桃、草莓、核桃仁，稍煮即可。 功效：增强准妈妈的抵抗力。

第三章
月子吃好两人补

产后第1周 多吃素，开开胃

产后第1周，新妈妈不必着急大吃大补。此时新妈妈的肠道功能尚未恢复，急于进补容易消化不良，引起腹胀。

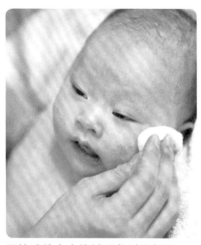

用棉球给宝宝擦拭眼角时要轻柔，刚出生的宝宝皮肤很娇嫩，需要妈妈小心呵护。

新妈妈身体变化

产后1周内，新妈妈需要充分休息和静养，以消除分娩造成的疲劳，避免从事繁重的劳动，适当下床活动，有利于身体的恢复。

乳房：开始泌乳

出了产房之后，许多新妈妈都会面临没有乳汁的尴尬。其实，这是很正常的现象，大约在产后1~3天，新妈妈才会分泌乳汁。在此期间，一定不要急着喝催乳汤，否则会导致乳管堵塞而引起乳房胀痛。

胃肠：功能尚在恢复

孕期受到子宫压迫的胃肠终于可以"归位"了，但功能的恢复还需要一段时间。产后第1周，新妈妈的食欲一般比较差，家人可要在饮食上多些花心思了，多做一些开胃的汤汤水水。

子宫：功成身退

宝宝胎儿时期的温暖小窝——子宫，在宝宝出生后就要"功成身退"了。本周开始，新妈妈的子宫会慢慢变小，但要恢复到怀孕前的大小，至少要花6周左右的时间。

恶露：类似"月经"

从产后第1天开始，新妈妈会排出类似"月经"的东西（含有血液、少量胎膜及坏死的蜕膜组织），这就是恶露。产后一周时间内，是新妈妈排恶露的关键期。恶露起初为鲜红色，几天后转为淡红色。

骨盆：逐渐恢复

因为子宫压迫和分娩造成的骨盆底肌肉松弛无弹性，在产后逐渐恢复张力，水肿和瘀血现象也渐渐消失了。

哺乳妈妈尤其要注意补水。人体在一晚上的睡眠以后，流失了大量的水分，尤其是哺乳期妈妈，分泌的乳汁也带走了大量水分，需要及时补充。

开胃、排恶露是首要

本周忌油腻，宜选择口味清淡的细软温热的食物。第1周内的宝宝食量不大，新妈妈正常的泌乳量可以满足需求，马上催乳容易引起乳腺炎、腹胀。

不要急着喝下奶汤

产后妈妈过早喝下奶汤，乳汁下来过快过多，新生儿又吃不了那么多，容易造成浪费，还会使新妈妈乳管堵塞而出现乳房胀痛。一般在分娩后的第7天开始给新妈妈喝鲤鱼汤、猪蹄汤等下奶的食物。

以开胃为主

产后第1周，新妈妈会感觉身体虚弱、胃口较差，这是因为新妈妈的肠胃功能还没有复原。所以，进补不是本周的主要目的，而是要打开新妈妈的胃口。开胃的食物如清淡的鱼汤、鸡汤、蛋花汤等，主食可以吃些馒头、龙须面、米饭等。另外，时令蔬菜和苹果、香蕉等也可提升新妈妈的食欲。

新妈妈每日吃2个左右的鸡蛋就足够了。
新妈妈月子期间不宜吃太多鸡蛋，以免引起腹胀、便秘。

恰当饮用生化汤

生化汤是一种传统的产后方，能"生"出新血，"化"去旧瘀，可以帮助新妈妈排出恶露，但是饮用要恰当，不能过量。一般自然分娩的新妈妈在无凝血功能障碍、血崩或伤口感染的情况下，可以在产后第3天服用，每日1帖，连服7~10天。剖宫产新妈妈则建议产后7天以后再服用，连续服用5~7天，每日1帖，每帖平均分成3份，在早、中、晚三餐前，温热服用。不要擅自加量或延长服用时间。饮用前，最好咨询一下医生。

📖 营养问答

婆婆说坐月子不能吃水果和蔬菜，真的吗

假的。传统观念不让月子里吃蔬菜、水果的做法是错的。实际上这是因为部分性寒凉的水果引发的误会。

实际上，产后新妈妈摄入的蔬菜水果如果不够，易导致大便秘结，医学上称为产褥期便秘症。

蔬菜和水果富含维生素、矿物质和膳食纤维，可促进胃肠道功能恢复，促进碳水化合物、蛋白质的吸收利用，特别是可以预防便秘，加快毒素排出。新妈妈可以将水果用温水烫热了再吃。

坐月子不能吃盐，吃盐会没奶，这是真的吗

老观念认为，在月子里吃的菜和汤里不能放盐，要"忌盐"，认为放盐就会没奶，其实这是不科学的。

盐中含有钠，如果新妈妈限制钠的摄入，打破了体内电解质的平衡，那么就会影响新妈妈的食欲，进而影响新妈妈泌乳，甚至会影响到宝宝的身体发育。

不过盐吃多了，也会加重肾脏的负担，对肾不利，也会使血压升高。

因此，月子里的新妈妈不能过多吃盐，但也不能"忌盐"。

📕 坐月子最好每日吃5~6顿饭

新妈妈月子期间，可以享受特别的优待——每日吃5~6餐。在早、中、晚三餐中间加餐两次。少食多餐是新妈妈坐月子最重要的饮食原则，既保证了自身的健康，也能保证母乳的充足。早餐可多摄取五谷杂粮类食物，午餐可以多喝些滋补的汤，晚餐要加强蛋白质的补充，加餐则可以选择桂圆粥、荔枝粥等。

产后第1周

红糖小米粥

什菌一品煲

顺产妈妈营养食谱

产后最初几天，新妈妈似乎对"吃"提不起兴趣。这是因为新妈妈产后体虚，胃口很差。此时如果盲目地进补，只会适得其反。所以，在产后第1周里，新妈妈适宜吃清淡的饮食。本阶段的重点是开胃而不是滋补，新妈妈胃口好，才能食之有味，吸收也才能好。

早 餐

红糖小米粥
煮鸡蛋

红糖、小米是坐月子常用的传统食材，搭配食用能为新妈妈迅速补充身体气血。

原料： 小米100克，红糖适量。
做法： ❶将小米洗净，放入锅中，加适量水，大火烧沸，转小火慢慢熬煮。❷待小米开花时加入红糖拌匀，再熬煮几分钟即可。

产后宜忌
每日吃2个鸡蛋就够了

坐月子期间需要滋补身体，有些新妈妈就常常吃很多鸡蛋。其实吃过多鸡蛋，不但不能补充更多蛋白质，反而不利于蛋白质的吸收，增加肾脏负担。新妈妈每日需要摄入100克蛋白质，所以每日吃2个鸡蛋就够了。

午 餐

什菌一品煲
米饭

这款素鲜的什菌汤，有利于放松新妈妈因疼痛而变得异常敏感和紧绷的神经，具有很好的开胃作用。

原料： 猴头菌、草菇、平菇、白菜心各50克，干香菇30克，葱花、盐各适量。
做法： ❶干香菇泡发后洗净，切去蒂部，划出花刀；平菇洗净切去根部；猴头菌和草菇洗净后切开；白菜心掰成小棵。❷锅内放入水或素高汤，大火烧沸。❸再放入香菇、草菇、平菇、猴头菌、白菜心，转小火煲10分钟，加盐调味即可。

产后宜忌
宜补充足够的水分

新妈妈最好在乳汁分泌通畅之后再大量补汤。此外，顺产妈妈为了胃部的消化和牙齿的健康，最好先选择食用软质食物。随着消化能力的恢复，新妈妈可以逐渐恢复正常的饮食。

生化汤

西红柿菠菜面

肉末蒸蛋

午间加餐

生化汤

苹果

生化汤可促进产后乳汁分泌，调节子宫收缩，还可减少因子宫收缩造成的腹痛，对预防产褥感染也有积极作用。

原料： 当归、桃仁各15克，川芎6克，黑姜10克，甘草3克，大米100克，红糖适量。

做法： ❶大米洗净，浸泡30分钟。❷将当归、桃仁、川芎、黑姜、甘草和水以1∶10的比例小火煎煮30分钟，去渣取汁。❸将大米放入锅内，加入煎煮好的药汁和适量清水，熬煮成粥，调入红糖，温热服用。

产后宜忌

不宜同时服用子宫收缩剂和生化汤

新妈妈要咨询医生，是否住院期间所开的药物里已包括子宫收缩剂，如果有，就不宜同时服用生化汤，免得使子宫收缩过强而导致产后腹痛。

晚　餐

西红柿菠菜面

南瓜饼

西红柿含有番茄红素、多种维生素和膳食纤维，西红柿稍酸的口感，可以帮助产后新妈妈增强食欲。

原料： 面条100克，西红柿、菠菜各50克，鸡蛋1个，盐适量。

做法： ❶西红柿洗净，切块；鸡蛋打匀成蛋液；菠菜洗净，切段。❷油锅烧热，放入西红柿块煸出汤汁，加入水，烧开后把面条放入，煮至完全熟透。❸将蛋液、菠菜段放入锅内，大火再次煮开，出锅时加盐调味即可。

产后宜忌

不宜天天喝浓汤

产后天天喝猪蹄汤、鸡汤等浓汤，过多的脂肪会让新妈妈身体发胖，还会引起消化不良。适合新妈妈现在喝的汤有瘦肉汤、蔬菜汤、蛋花汤、鲜鱼汤等，而且汤和肉要一起吃，营养素摄取才更全面。

晚间加餐

肉末蒸蛋

鸡蛋及猪肉均有良好的养血生津、长肌壮体、补益脏腑的功效。

原料： 鸡蛋2个，猪肉50克，水淀粉、生抽、盐、葱末各适量。

做法： ❶将鸡蛋打入碗内搅散，放入盐和适量清水搅匀，上笼蒸熟。❷选用三成肥、七成瘦的猪肉剁成泥。❸锅中放入油烧热，放入肉末，炒至松散出油时，加入葱末、生抽及水，用水淀粉勾芡后，浇在蒸好的鸡蛋上即成。

产后宜忌

红糖水并不是喝得越久越好

习惯上认为产后喝红糖水和补血，还能促进恶露排出和子宫复位，但红糖水并不是喝得越就越好。因为过多饮用红糖水，会损坏你的牙齿，夏天会导致出汗过多，使身体更加虚弱。产后喝红糖水的时间，以7~10天为宜。

山药粥

什锦面

产后 第1周

剖宫产妈妈营养食谱

产后第1周，尤其是头3天，剖宫产妈妈会明显感觉伤口疼痛。剖宫产妈妈在排气后可以先吃些流质食物，如稀粥、米粉、藕粉等，少吃多餐，每日可以吃6~8次。

早 餐

山药粥
奶酪手卷

山药能清热益气、滋阴润肺，还有助于消除疲劳，是产后非常经典的食材之一。

原料： 大米30克，山药20克，白糖适量。

做法： ❶将大米洗净，用水浸泡30分钟。❷将山药洗净，削皮后切成块。❸锅内加入适量水，将山药放入锅中，加入大米，同煮成粥。❹待大米绵软，再加白糖稍煮片刻即可。

产后宜忌
剖宫产术后6小时应禁食

剖宫产术后新妈妈肠腔内有积气，会有腹胀感，术后6小时内应该禁食。6小时后，可以喝一些水，刺激肠蠕动，等到排气后，才能进食。刚开始应该选择流质食物，然后向软质食物、固体食物逐渐过渡。

午 餐

什锦面
豆角小炒肉

什锦面营养均衡，含有多种营养素和膳食纤维，易于消化，适合新妈妈产后初期调养身体、恢复体力之用。

原料： 面条100克，肉馅50克，鸡蛋1个，香菇、豆腐、胡萝卜、海带各20克，香油、盐、鸡汤、葱花各适量。

做法： ❶洗净的海带切丝；香菇、胡萝卜洗净，切丝；豆腐洗净切条。❷肉馅中加入蛋清后揉成小丸子，在开水中烫熟。❸鸡汤煮沸，加入面条，放入香菇丝、胡萝卜丝、豆腐条和小丸子及葱花、盐、香油即可。

产后宜忌
剖宫产后不宜吃易产气的食物

剖宫产妈妈在开始进食时应食用促进排气的食物，如萝卜汤等，黄豆、豆浆、淀粉类的食物应尽量少吃或不吃，以免加重腹胀。

虾仁馄饨

牛奶红枣粥

南瓜饼

午间加餐

虾仁馄饨
香蕉

馄饨馅用多种原料制成，营养丰富，可以满足剖宫产妈妈的营养需求。

原料： 鲜虾仁30克，猪肉50克，胡萝卜15克，葱、姜、馄饨皮、香菜、香油、盐、鸡蛋各适量。

做法： ❶将鲜虾仁、猪肉、胡萝卜、葱、姜放在一起剁碎，加入盐、鸡蛋拌匀。❷把做成的馅料分成8~10份，包入馄饨皮中。❸将包好的馄饨放在沸水中烫熟盛入碗中，再加开水，放入香菜、葱花、香油、盐调味即可。

产后宜忌
吃些应季的食物

剖宫产手术时肠道不免要受到刺激，胃肠道正常功能被抑制，肠蠕动相对减慢。若多食会使肠内代谢物增多，在肠道滞留时间延长，这不仅可造成便秘，不利于新妈妈康复。

晚 餐

牛奶红枣粥
苹果

牛奶营养丰富，含有丰富的蛋白质、维生素和矿物质，特别是含有较多的钙；红枣可补血补虚，对产后初期的新妈妈来说，是一道既营养又美味的粥品。

原料： 大米50克，牛奶250毫升，红枣2颗。

做法： ❶红枣洗净，取出枣核。❷大米洗净，浸泡30分钟。❸锅内加入水，放入淘洗好的大米，大火煮沸后，转小火煮30分钟，至大米绵软。❹再加入牛奶和红枣，小火慢煮至牛奶烧沸、粥浓稠。

产后宜忌
实热体质不宜多吃桂圆

桂圆属于温补水果，有补血补气、健脑益智的功效，刚生完孩子的准妈妈吃点桂圆对身体恢复很好，但桂圆易生内热，实热体质者不宜多吃。

晚间加餐

南瓜饼

南瓜营养丰富，维生素E含量较高，还有润肺益气、缓解便秘的作用，有利于新妈妈身体恢复。

原料： 糯米粉100克，南瓜60克，白糖、红豆沙各适量。

做法： ❶南瓜去子，洗净，包上保鲜膜，用微波炉加热10分钟。❷挖出南瓜肉，加糯米粉、白糖，和成面团。❸将红豆沙搓成小圆球，包入面团中制成饼胚，上锅蒸10分钟即可。

产后宜忌
多吃富含蛋白质和维生素C的食物

顺产妈妈的伤口愈合比较快，只需要3~4天，而剖宫产妈妈则需要1周左右。产后营养好，伤口愈合自然快。所以剖宫产妈妈应该适当多吃一些富含蛋白质和维生素C的食物，以促进伤口处组织恢复。

产后第2周 荤炖补，重在恢复

本周开始，新生儿对乳汁需求量增加，新妈妈可以适当吃些猪蹄、花生、鲫鱼、牛奶、鸡蛋等，但切记本周的饮食重点是恢复而不是催乳。

用热毛巾热敷乳房可缓解乳房肿胀，注意热敷乳房时，防止烫伤皮肤，按摩乳房时用力不可过大，手不要在皮肤上划动，以免损伤皮肤。

胃肠：适应产后的状况

产后第2周，胃肠已经慢慢适应产后的状况了，但是对于非常油腻的汤水和食物多少还有些不适应。新妈妈不妨荤素搭配来吃，慢慢增强脾胃功能。

子宫：子宫颈内口会慢慢关闭

在分娩刚刚结束时，因子宫颈充血、水肿，会变得非常柔软，子宫颈壁也很薄，皱起来如同一个袖口，产后1周之后子宫颈内口关闭，宫颈管复原。

伤口及疼痛：还会隐隐作痛

侧切和剖宫产术后的伤口在这周内还会隐隐作痛，下床走动时、移动身体时都有撕裂的感觉，但是痛感没有第1周时强烈，还是可以承受的。

恶露：明显减少

这1周的恶露明显减少，颜色也由暗红色变成了浅红色，有点血腥味，但不臭。新妈妈要留心观察恶露的质和量、颜色及气味的变化，以便掌握子宫复原情况。

新妈妈身体变化

进入月子的第2周，新妈妈的伤口基本愈合了，新妈妈的子宫从腹部已触摸不到，基本收缩复位了，不会再出现因子宫收缩而产生的疼痛。

乳房：必须经常清洁

宝宝的"粮袋"——乳房的保健是非常重要的，应该经常清洁乳房。但不需要每次喂奶前都擦洗乳房，因为乳头上的细菌，能帮助宝宝建立起正常的肠道菌群，从而增强肠道免疫力。

新妈妈在产后第2周还得多躺着休息。无论是侧切还是剖宫产，新妈妈的伤口都会隐隐作痛，特别下床走动时，疼痛感还是很明显。

补气养血为主

经过前一周的调养和适应，新妈妈的体力已慢慢恢复，此时应增加一些养血、滋阴、补阳气的温和食材来调理身体。

多吃补血食物

进入月子的第2周，新妈妈的伤口基本愈合了，胃口也明显好转。从第2周开始，可以尽量吃一些传统补血食物，以调理气血，促进内脏收缩，如猪心、红枣、猪蹄、红衣花生、枸杞子等。

食用鱼类、虾、蛋等优质蛋白

产后第2周新妈妈就可以回家了。看护宝宝的工作量增加，体力消耗较前一周大，伤口开始愈合。饮食上应注意多补充优质蛋白质，但仍需以鱼类、虾、蛋、豆制品为主，可比上一周增加些排骨、瘦肉类。

宜去水肿

虽说每天的小便量也很多，但总觉得身上还是肿肿的，去水消肿成为产后妈妈初期保健的重要任务，应多补充利于消肿的食物。

新妈妈喝红糖水能活血化瘀，促进恶露排出，一般在产后第1周饮用，喝久了不利于子宫复原。

催乳要循序渐进

本周乳腺开始大量分泌乳汁，但乳腺管还不够通畅，不宜食用大量油腻催乳食品。在烹调中少用煎炸，多取易消化的带汤炖菜；食物要以清淡为宜，遵循"产前宜清，产后宜温"的传统；少食寒凉食物，避免进食影响乳汁分泌的麦芽等。

产后喝红糖水别超过10天

新妈妈喝红糖水的时间，一般控制在产后7~10天为宜。坐月子喝红糖水是我国的民间习俗。红糖既能补血，又能供给热量，是两全其美的佳品。红糖水非常适合产后第一周饮用，不仅能活血化瘀，还能补血，并促进产后恶露排出。但红糖水也不能喝得时间过长，久喝红糖水对新妈妈子宫复原不利。

营养问答

为什么产后不能喝老母鸡汤

产后哺乳的新妈妈不宜立即喝老母鸡汤。

老母鸡肉中含有一定的雌激素，产后马上喝老母鸡汤，会使新妈妈血液中雌激素的含量增加，抑制催乳素发挥作用，从而导致新妈妈乳汁不足，甚至回奶。所以产后喝鸡汤，最好是选用公鸡炖汤。

坐月子能吃味精吗

新妈妈在整个哺乳期或至少在3个月内应少吃或不吃味精、鸡精。

味精和鸡精的主要成分是谷氨酸钠，会引起水钠潴留，还会通过乳汁进入宝宝体内，导致宝宝缺锌。宝宝缺锌时，会出现味觉减退、厌食等症状，还会造成智力减退、生长发育迟缓等不良后果。

坐月子期间能喝茶吗

虽然茶水也是一种很好的饮品，但新妈妈不宜饮用。茶水中含有较多的鞣酸，会影响铁的吸收。而且茶水中含有一定量的咖啡因，会刺激中枢神经，不利于新妈妈休息调养，还可能通过乳汁影响宝宝的健康。

月子期间怎么喝水

由于产后新妈妈的基础代谢较高，出汗再加上乳汁分泌，需水量高于一般人，应多喝水，每天要喝6~8杯水，每杯200毫升。

产后 第2周

牛奶银耳小米粥　　双红乌鸡汤

哺乳妈妈营养食谱

产后第2周，新妈妈已经适应了坐月子的生活规律，身体也在慢慢恢复。这周饮食还是以补气养血为主，不要急着催乳。由于宝宝现在所需要的钙都是通过母乳获得，所以哺乳妈妈要注重补钙了。

早 餐

牛奶银耳小米粥
鸡蛋

银耳富含植物胶质，有养阴清热、安眠健胃的功效，与小米、牛奶同食，不仅能补钙，还是新妈妈产后恢复身体的佳品。

原料： 小米50克，牛奶120毫升，银耳20克，白糖适量。

做法： ❶银耳洗净，择成小朵；小米淘洗干净。❷小米放入锅中，加适量水煮沸，撇去浮沫，放入银耳继续煮20分钟，倒入牛奶，开锅放适量白糖调味即可。

产后宜忌
不能一直以小米粥为主食

小米粥营养丰富，很适合在月子期间食用，但也不能只以小米粥为主食。新妈妈可以在分娩后的几天里以小米粥为主食，等到胃肠功能恢复后，就要均衡补充各种营养素了，否则可能会营养不良。

午 餐

双红乌鸡汤
米饭　香蕉

乌鸡滋补肝肾、益气补血，可提高乳汁质量，宝宝免疫力的强弱取决于妈妈乳汁的质量。

原料： 乌鸡1只，红枣6颗，枸杞子5克，盐、姜片各适量。

做法： ❶乌鸡清理干净，切大块，放进温水里用大火煮，待水开后捞出，洗去浮沫。❷将红枣、枸杞子洗净。❸锅中放适量水烧开，将红枣、枸杞子、姜片、乌鸡块放入锅内，加水大火煮沸，改用小火炖至肉熟烂，出锅时加入盐调味即可。

产后宜忌
吃些应季的食物

进入月子的第2周，新妈妈的伤口基本上愈合了。从现在开始，新妈妈可以适量吃一些补血食物，以调理气血，促进内脏收缩，如猪心、红枣、猪蹄、红衣花生、枸杞子等。

西红柿面片汤

归枣牛筋花生汤

花生红豆汤

午间加餐

西红柿面片汤
苏打饼干

西红柿面片汤不仅能增进食欲，而且营养丰富，利于消化吸收，并且具有滋阴清火的作用。对产后新妈妈大便秘结、血虚体弱、头晕乏力等症状有一定疗效。

原料: 西红柿1个，面片50克，高汤、盐、香油、植物油各适量。

做法: ❶西红柿洗净，焯水，切块。❷油锅烧热，放入西红柿块，炒软后加入高汤烧开，加入面片。❸煮10分钟后，加盐、香油调味即可。

产后宜忌
午休时间不宜过长

新妈妈可以在中午的同一段时间内休息，20~30分钟的小憩就能使精力充沛。但如果午休超过1小时，醒来后 精神可能比休息之前还要差。宝宝每日要睡18~20小时，而新妈妈只需要8~10小时即可。

晚　　餐

归枣牛筋花生汤
馒头

牛蹄筋适于产后气血两虚、四肢乏力的新妈妈食用，同时对缓解新妈妈腰酸背痛也有很好的效果。

原料: 牛蹄筋100克，花生50克，红枣6颗，当归5克，盐适量。

做法: ❶牛蹄筋去掉肉皮，在水中浸泡4小时后，洗净，切成细条；花生、红枣洗净，备用。❷当归洗净，整个放进热水中浸泡30分钟，取出切片，切得越薄越好。❸砂锅加水，放入牛蹄筋、花生、红枣、当归，大火煮沸后，改用小火炖至牛蹄筋烂熟，加盐调味即可。

产后宜忌
睡前宜吃1根香蕉

香蕉具有安抚神经的效果，对失眠或情绪紧张有一定的疗效。新妈妈在晚上睡前吃1根香蕉，可以起到镇静的作用。新妈妈拥有稳定的情绪才能更好地照顾宝宝。

晚间加餐

花生红豆汤

生产时新妈妈或多或少都会失血，红豆有很好的补血作用，还可以利尿，有助于新妈妈消肿、补血，让身体尽快恢复。

原料: 红豆50克，花生仁20克，糖桂花适量。

做法: ❶将红豆与花生仁清洗干净，并用水泡2小时。❷将泡好的红豆与花生仁连同水一并放入锅内，用大火煮沸。❸煮沸后改用小火煲1小时，出锅时调入糖桂花即可。

产后宜忌
可以适量吃山楂

传统观念认为山楂有刺激作用，产后不宜吃。其实山楂对子宫有兴奋作用，可以刺激子宫收缩，帮助排出子宫内的瘀血，减轻腹痛。产后新妈妈往往食欲不佳，适当吃些山楂，还有助于增进食欲，帮助消化。

产后 第2周

胡萝卜小米粥

板栗烧仔鸡

非哺乳妈妈营养食谱

产后第2周，非哺乳妈妈也不要因为不能母乳喂养宝宝而心存愧疚、郁郁寡欢。现在只要尽快把身体调理好，多给宝宝一些爱和关怀，宝宝一样会健康成长。多吃一些板栗、小米、胡萝卜、黄鳝等食物，有助于非哺乳妈妈的身体恢复。

早 餐

胡萝卜小米粥

鸡蛋

小米与胡萝卜同食，可滋阴养血，适合产后不哺乳的新妈妈调养身体，恢复体力。

原料： 小米、胡萝卜各50克。
做法： ❶ 将小米淘洗干净；胡萝卜洗净，切小丁。❷ 将小米和胡萝卜放入锅中，加适量水，大火煮沸，转小火煮至胡萝卜绵软，小米开花即可。

产后宜忌

忌吃油腻食物

新妈妈胃肠蠕动缓慢，过于油腻的肥肉、浓汤、坚果应该尽量避免，以免引起消化不良。同样的道理，油炸食物也比较难消化，而且会在油炸的过程中流失很多营养，吃多了并不能达到很好的补充营养的效果，反而加重了胃肠负担。

午 餐

板栗烧仔鸡

米饭

板栗烧仔鸡有补而不腻的功效，还能通过板栗的活血止血功效，促进子宫恢复。

原料： 板栗6颗，仔鸡半只，高汤、盐、料酒、白糖、蒜瓣各适量。
做法： ❶ 板栗开个口子，放入锅中加适量水，大火煮10分钟，捞出来去壳，去皮。❷ 仔鸡洗净，切块，放白糖、盐、料酒腌制10分钟。❸ 将板栗、仔鸡放入锅中，加入高汤，调入料酒、白糖，中火焖烧至板栗熟烂，再调至大火，加入蒜瓣，继续焖5分钟即可。

产后宜忌

宜适当摄取膳食纤维

建议坐月子的非哺乳妈妈还是应保证每日摄入400克以上的蔬菜和250克的水果，以保证能够摄入足够的膳食纤维。

蜂蜜香油饮　　　小米黄鳝粥　　　麦芽山楂蛋羹

午间加餐

蜂蜜香油饮
面包

不能由宝宝吸吮而促进子宫收缩的非哺乳妈妈来说，适当食用香油可帮助子宫的收缩和恶露的排出。

原料： 蜂蜜1汤匙，香油适量。

做法： ❶将一杯开水晾温，滴入香油和蜂蜜，混合均匀。❷可按个人口味调节浓淡度。

产后宜忌
保证足够的果蔬摄入量

不少人认为蔬菜、水果水气大，产后新妈妈不能吃，其实蔬菜水果如果摄入不够，易导致大便秘结，医学上称为产褥期便秘症。蔬菜和水果富含维生素、矿物质和膳食纤维，可促进胃肠道功能的恢复，增进食欲，促进糖分、蛋白质的吸收利用，特别是可以预防便秘，缓解新妈妈身体的不适。

晚　餐

小米黄鳝粥
馒头

此粥含有丰富的蛋白质、碳水化合物、维生素和矿物质，有益气补虚的功效，有利于非哺乳妈妈的身体恢复。

原料： 小米30克，黄鳝肉50克，胡萝卜、姜末、盐、白糖适量。

做法： ❶将小米洗净；黄鳝肉切段；胡萝卜切丁。❷在砂锅中加入适量水，烧沸后放入小米，用小火煲20分钟。❸放入姜末、黄鳝肉、胡萝卜煲15分钟，熟透后，放入盐、白糖调味即可。

产后宜忌
忌吃酸咸食物

食用酸性的咸味食物，不仅会影响水分排出，咸味食物中的钠离子更容易增加血液中的粘稠度，使新陈代谢受到影响，导致血液循环减慢。因此，非哺乳妈妈要忌吃酸咸食物。

晚间加餐

麦芽山楂蛋羹

这道羹健脾开胃、消食导滞，麦芽有利于非哺乳妈妈回乳，鸡蛋能补充足够的蛋白质。

原料： 鸡蛋2个，炒麦芽15克，山楂20克，淮山药15克，干淀粉、盐各适量。

做法： ❶将炒麦芽、山楂、淮山药洗净，放入药锅内，加适量水，煮1小时左右，取汤。❷鸡蛋去壳打散，干淀粉用水调成糊状。❸将汤煮沸，加入鸡蛋液及淀粉糊，边加边搅拌，最后加盐调味即可。

产后宜忌
茭白不宜多食

茭白含有较多的膳食纤维、蛋白质、脂肪等，有强壮身体的作用，能促进非哺乳妈妈身体恢复。但茭白性寒，非哺乳妈妈如果脾胃虚寒、大便不实，就不宜多食。

产后第3周 催乳为主，补血为辅

本周开始，新妈妈可以滋补了，不但可以恢复分娩时造成的身体消耗，还可以改善气喘、怕冷、掉发、便秘、易疲劳等问题。

新妈妈用肘内侧支撑住宝宝头部，使宝宝的腹部紧贴新妈妈身体，用摇篮式姿势给宝宝哺乳，宝宝吃得更舒适。

新妈妈身体变化

产后第3周，恶露变为奶油状的白色恶露，会阴侧切的新妈妈和剖宫产新妈妈的伤口基本已经愈合。本周新妈妈会感觉身体已经恢复得很好，但是仍不能长时间站立或搬抬重物。一旦感到疲劳，要及时卧床休息。

乳房：乳汁增多

产后第3周，乳房开始变得比较饱满，肿胀感也在减退，清淡的乳汁渐渐浓稠起来。每日哺喂宝宝的次数增多，偶尔会有漏乳的现象产生，新妈妈要及时将湿乳垫更换掉，不要等乳垫硬了再换。

胃肠：食欲增强

随着宝宝食量的增加，新妈妈的食欲有所改善，时常会出现饿的感觉。经过前两周的调整和进补，胃肠功能有所恢复，现在新妈妈吃什么宝宝就会吸收什么。

子宫：恢复到骨盆内

产后第3周，子宫基本收缩完成，已回复到骨盆内的位置，最重要的是子宫内的污血几乎完全排出了。子宫即将呈真空状态，雌激素分泌会特别活跃，子宫的功能比怀孕前更好。

伤口及疼痛：明显好转

会阴侧切的伤口已没有明显的疼痛。而剖宫产妈妈的伤口内部，会时有时无地疼痛，但只要不持续疼痛，且没有分泌物从伤口处溢出，大概再过2周就可以恢复正常了。

恶露：成为白色恶露

产后第3周是白色恶露期，恶露里没有血液了，但大量的白细胞、退化蜕膜、表皮细胞和细菌，使恶露变得黏稠，且色泽较白。

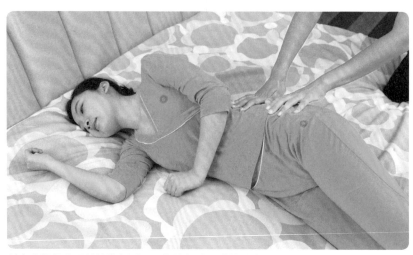

剖宫产妈妈由平躺转为侧卧，要爸爸帮助翻动整个身子。剖宫产妈妈的伤口现在还没完全愈合，翻身时需要爸爸帮助，以防止伤口出现疼痛。

饮食以催乳为主

宝宝的需求增大了，总是把妈妈的乳房吃得瘪瘪的，催乳成为妈妈当前进补的最主要的目的。哺乳期大概为1年左右，所以适当食用催乳通乳食材，会给整个哺乳期提供保障。

催乳并非"大补"

一说到催乳，新妈妈首先想到的就是传统的鲫鱼汤、猪蹄汤。其实，催乳并非"大补"，而是讲究科学，既让自己奶量充足，又可修复元气且不发胖。每日喝牛奶、多吃新鲜蔬果，都有利于通乳催乳。

除了充分摄入蛋白质外，还要重视水分补充，这是乳汁分泌的物质基础，水分每日应摄取2700~3200毫升（主要是食物中的水，其次是饮用水）。

中药催乳要咨询医生

很多新妈妈会用中药材来帮助催乳。在此之前，应先分清楚自己是气血虚弱型缺乳还是气血阻滞型缺乳，最好咨询医生后再用药。

早晚喝1杯牛奶有助于通乳催乳，除了补充丰富的蛋白质和钙，还能补充水分，这是乳汁分泌的重要基础。

气血虚弱型缺乳是指新妈妈在分娩时出血过多，或平时身体虚弱，导致产后乳汁少或不下。表现为乳房柔软不胀、面色苍黄、神疲乏力、头晕耳鸣、心悸气短、腰酸腿软等。一般可服用补血益气与通乳药材，比如黄芪、党参、当归、通草等。

气血阻滞型缺乳表现为乳房胀满疼痛、胃胀痛、舌苔薄黄、脉弦。宜选用行气活血药物，如王不留行。

■ 营养问答

饭后不能马上吃水果，是真的吗

是的。许多新妈妈喜欢在饭后吃水果，然而，饭后马上吃水果，容易中断、阻碍消化进程，使胃内食物腐烂，被细菌分解成酒精及醋一类的物质，产生气体，有碍于营养物质的进一步消化吸收。所以水果最好在饭后半小时再吃，甜食也是同样的道理。

要给宝宝喂奶，更要注重补钙吗

是的，新妈妈由于要哺乳，所以补钙是必不可少的，但新妈妈不能因此而补钙过量。过量摄入钙剂，容易导致便秘，也可能会诱发泌尿系统结石，还可能会影响到宝宝的生长发育。所以新妈妈补钙一定要适量，最好是在医生的指导下补充。

宝宝0~6个月所需要的钙，都要通过母乳来获得。哺乳妈妈每日分泌约700毫升乳汁，就会消耗21~24毫克钙。中国营养学会推荐，哺乳妈妈每日适合摄入1200毫克钙。含钙高的食物有牛奶、奶酪、豆腐、豆浆、鱼、虾、紫菜、黑芝麻等，适合哺乳妈妈常吃。

天天喝小米粥，营养能跟上吗

月子期间，不能只以小米粥为主食，而忽视了其他营养成分的摄入。刚分娩后的几天可以以小米粥等流质食物为主，但当肠胃功能恢复之后，就需要及时均衡地补充多种营养成分了，否则可能会导致营养不良。

■ 按时定量进餐

按时定量进餐，有助于更好地照顾宝宝。虽然经过前2周的调理和进补，新妈妈的身体得到很好的恢复，但也不要放松对身体的呵护，更不要因为照顾宝宝而忽视了进餐时间。宝宝经过2周的成长，也形成了比较规律的作息时间，吃奶、睡觉、拉便便，新妈妈都要留心记录，掌握宝宝的生活规律，从而相应安排好自己的进餐时间。新妈妈还可以根据宝宝吃奶量的多少，定量进餐。

产后 第3周

鳝丝打卤面

通草鲫鱼汤

哺乳妈妈营养食谱

比起前两周，新妈妈无论是从身体上还是从精神上来说，都会很轻松，全部的心思也会放在喂养宝宝上，这时候催乳通乳是饮食的重中之重。哺乳妈妈要常吃一些催乳滋补的食物，如鳝鱼、鲫鱼、猪蹄、通草等，为宝宝提供充足的母乳。

早 餐

鳝丝打卤面
樱桃

鳝鱼含蛋白质、脂肪、钙、磷、铁、B族维生素等，具有补脾益气和催乳的功效，适合新妈妈滋补、催乳之用。

原料：面条、鳝鱼丝各100克，葱末、姜末、白糖、盐、香油、高汤各适量。

做法：❶鳝鱼丝放入开水中汆一下，捞出沥干。❷油锅烧热，放鳝鱼丝，炸至鳝鱼丝发硬时捞出。❸锅中留少量油，放入白糖、葱末、姜末、高汤、盐制成卤汁，倒入鳝鱼丝，上下翻动，使卤汁粘在鳝鱼丝上，出锅浇在煮好的面条上，淋上香油即可。

产后宜忌
宜适量吃香油

香油含有不饱和脂肪酸，能够促使子宫收缩和恶露排出，帮助子宫复原。不仅如此，香油还具有软便功效，帮助新妈妈缓解产后便秘之苦。

午 餐

通草鲫鱼汤
米饭

通草能通乳汁，与消肿利水、通乳的鲫鱼、黄豆芽共煮制汤菜，具有温中下气、利水通乳的作用，是缺乳的新妈妈必备药膳之一。

原料：鲫鱼1条，黄豆芽30克，通草3克，盐适量。

做法：❶将鲫鱼处理干净，洗净；黄豆芽洗净。❷锅中加入适量水，放入鱼，用小火炖煮15分钟。❸再放入黄豆芽、通草、盐，炖煮10分钟，去掉黄豆芽、通草，即可食鱼饮汤。

产后宜忌
宜补充优质蛋白质

新妈妈最好多补充富含优质蛋白质的食物，这类食物在体内被消化之后会形成氨基酸，可以帮助分娩时造成的伤口迅速愈合，并使新妈妈尽快恢复体力。

猪蹄粥

豌豆排骨粥

桃仁莲藕汤

午间加餐

猪蹄粥
苹果

　　猪蹄是传统的下奶食物，并且含有丰富的胶原蛋白，可增强皮肤弹性和韧性，是新妈妈理想的催乳和美容佳品。

原料： 鲜玉米50克，猪蹄60克，大米30克，葱段、姜片、盐各适量。
做法： ❶猪蹄洗净切成小块，在开水锅内焯一下；鲜玉米洗净，切成圆段，大米淘洗净。❷砂锅加水，放大米、猪蹄、姜片、葱段，开锅后转小火，煮1小时后加入鲜玉米段，再煮1小时，加盐出锅即可。

产后宜忌
忌急于节食
　　产后立即减肥，不但不利于身体健康，也不利于喂哺宝宝。新妈妈产后哺乳需要足够的水分和脂肪，还要多吃一些营养丰富的食物，提高母乳质量。如果新妈妈想要减肥，可以等坐月子结束后再开始。

晚　餐

豌豆排骨粥
花卷

　　豌豆排骨粥鲜香适口，软烂顺滑，还有下乳的作用，适于产后乳汁较少的新妈妈食用。

原料： 大米100克，豌豆、猪排骨各50克，盐适量。
做法： ❶豌豆洗净；猪排骨洗净，剁成小块。❷锅中放入适量水、豌豆、排骨，煮至豌豆熟烂，加盐调味。❸大米淘洗干净，煮成粥。❹将煮熟的豌豆、排骨一起放入米粥中炖煮至沸即可。

产后宜忌
不宜空腹喝酸奶
　　哺乳妈妈在饭后2小时内喝酸奶最好。空腹喝酸奶，乳酸菌很容易被胃酸杀死，其营养价值和保健作用就会大大减弱。另外酸奶也不能加热喝，加热也会杀死乳酸菌，使酸奶口感变差，营养流失。

晚间加餐

桃仁莲藕汤

　　莲藕中含有丰富的维生素K，具有收缩血管和止血的作用，对于产后第3周还排出红色恶露的妈妈很有帮助。

原料： 核桃仁15克，莲藕50克，红糖适量。
做法： ❶莲藕洗净切片；核桃仁碾碎，备用。❷将核桃仁、莲藕片放锅内，加水用小火慢煮至莲藕绵软。❸出锅时加适量红糖调味即可。

产后宜忌
轻度感冒可以哺乳
　　哺乳妈妈患轻度感冒时，可以继续给宝宝喂奶。不过妈妈在喂奶时要戴好口罩，不要朝宝宝打喷嚏。同时不要服用对宝宝有影响的感冒药，服药之前最好先咨询医生。如果有发热症状，应暂停喂奶，待体温恢复正常后再喂。

红薯百合粥

胡萝卜菠菜鸡蛋饭

产后第3周

非哺乳妈妈营养食谱

非哺乳妈妈经过2周的恢复，身体状态和精神状态都已经好了很多，但身体还未恢复完全。此时不要吃太多高脂肪、高蛋白的食物，重点要放在补气补血上。

早 餐

红薯百合粥
包子

红薯能润肠通便；百合有很好的清心润肺、去火除烦的作用，这道红薯百合粥很适合新妈妈常吃。

原料：红薯100克，鲜百合20克，大米80克。

做法：❶将红薯洗净，去皮切成块；鲜百合掰成瓣，洗净；大米淘洗净。❷将大米、红薯块和百合放入锅内，加适量水，大火煮沸后转小火，熬成浓稠的粥即可。

产后宜忌
宜适当服用铁补充剂

新妈妈在生产时失血较多，除了吃些含铁丰富的食物，如牛肉、猪肝、木耳、菠菜等，还可以适当服用铁补充剂。但是要注意的是，补充剂只能作为辅助补品，不能成为健康饮食的替代品。

午 餐

胡萝卜菠菜鸡蛋饭
菠菜猪肝汤

本道主食富含蛋白质、胡萝卜素、铁、钙等营养素，有利于新妈妈身体的恢复。

原料：熟米饭100克，鸡蛋2个，胡萝卜、菠菜各20克，葱末、盐各适量。

做法：❶胡萝卜洗净，切丁；菠菜洗净，切碎；鸡蛋打成蛋液。❷锅中倒油，放鸡蛋液炒散，盛出备用。❸锅中再倒油，放葱末煸香，加入熟米饭、胡萝卜丁、菠菜碎、鸡蛋翻炒2分钟，最后加盐调味即可。

产后宜忌
宜适量吃香油

香油含有丰富的不饱和脂肪酸，能够促进子宫收缩和恶露排出，帮助子宫尽快复原。同时还有软便的作用，避免新妈妈出现产后便秘。香油中还含有丰富的必需氨基酸，对于气血流失的新妈妈恢复身体有很好的滋补功效。

香椿芽猪肉馅饼　　　　　红枣板栗粥　　　　　蛋黄紫菜饼

午间加餐

香椿芽猪肉馅饼
酸奶水果饮

此饼金黄酥脆，味道独特，还含有蛋白质、多种维生素和矿物质等营养成分。

原料：面粉 200 克，五花肉 150 克，香椿芽 120 克，盐、植物油各适量。

做法：❶将五花肉洗净，切成丁；香椿芽用水浸泡，清洗干净，切成碎末，与五花肉丁一起放在盆内，加入盐和植物油，拌匀成馅。❷面粉加水揉成面团，制作面皮，包入做好的馅，收口捏紧，轻轻按成圆饼，然后用平底锅烙好即可。

产后宜忌
忌服用人参

新妈妈在坐月子期间需要滋补，有些新妈妈会吃些大补的人参。其实这是不对的，人参对中枢神经有兴奋作用，不利于新妈妈休息调养，也不利于伤口凝血愈合。

晚餐

红枣板栗粥
馒头

红枣富含维生素 C 和铁，板栗富含碳水化合物及矿物质等，这道红枣板栗粥很适合在这 1 周用来给新妈妈补肾健脑。

原料：大米 100 克，红枣 6 颗，板栗 4 颗。

做法：❶将板栗煮熟之后去皮，备用；红枣洗净去核，备用；大米洗净，用水浸泡 30 分钟。❷将大米、煮熟后的板栗、红枣放入锅中，加水煮沸。❸转小火煮至大米浓稠即可。

产后宜忌
忌勉强哺乳

新妈妈如果患有比较严重的慢性疾病，如心脏病、肾脏病以及糖尿病等，都不适合哺乳，勉强给宝宝进行母乳喂养，对新妈妈与宝宝的健康都会有所影响。新妈妈可以在家人的帮助下对宝宝进行人工喂养。

晚间加餐

蛋黄紫菜饼

紫菜富含钙、铁、碘和胆碱，能增强记忆力，改善新妈妈贫血状况，还可辅助治疗产后水肿，是新妈妈恢复、滋补身体的佳品。

原料：紫菜 150 克，鸡蛋 2 个，面粉 250 克，盐、植物油各适量。

做法：❶紫菜泡发，切碎；鸡蛋取蛋黄；紫菜与蛋黄、面粉、盐、水一起搅拌成糊状。❷锅里倒入适量油，烧热，将蛋黄紫菜糊舀入锅内，用小火煎成两面金黄即可。

产后宜忌
吃些应季的食物

新妈妈应该根据产后所处的季节，相应选取进补的食物。比如春季可以适当吃些野菜，夏季可以多补充些水果羹，秋季适合吃山药，冬季适合吃羊肉等。选取应季的食物进补，身体才能恢复快。

产后第4周 体质恢复关键期

无论是顺产还是剖宫产，产后第4周，都是新妈妈身体各个器官逐渐恢复到产前状态的关键时期，所以需要更多的营养素来帮助新妈妈提升元气。

剖宫产妈妈的伤口不再那么疼了，用手轻轻触碰，会明显感觉到腹部紧致了很多，子宫大体复原。

新妈妈身体变化

到了第4周，很多新妈妈都会感觉身体较前三周有了明显的变化，更轻快、舒畅了。腹部收缩了很多，会阴侧切和剖宫产的新妈妈也不再觉得伤口疼痛。此时，正是顺应身体状况进行大补的好时候。

乳房：预防乳腺炎

宝宝不完全吸空乳房、哺乳不规律及乳房局部受压，易导致急性乳腺炎。因此新妈妈要密切观注乳房的状况，要常清洁乳头。勤给宝宝喂奶，让宝宝尽量吃完乳房里的乳汁。

胃肠：基本恢复

经过3周的恢复，新妈妈的胃肠功能是最先好起来的。新妈妈要留心宝宝的生活规律，相应地安排好自己的进餐时间。

子宫：大体复原

产后第4周，子宫大体复原，新妈妈应坚持做些产后体操，以促进子宫、腹肌、阴道、盆底肌的恢复。

伤口：留意瘢痕增生

剖宫产妈妈手术伤口上留下的痕迹，一般呈白色或灰白色，这个时期开始有瘢痕增生的现象，局部发红、发紫、变硬，并突出皮肤表面。新妈妈不要用手抓挠瘢痕，避免用热水洗；夏天要及时擦去汗液，不要让汗水刺激瘢痕。瘢痕增生一般持续3个月至半年，纤维组织增生逐渐停止，瘢痕也会逐渐变平变软。

恶露：基本排出干净

产后第4周，白色恶露基本排出干净，变成了普通的白带。但是，新妈妈仍应注意每日清洗会阴，勤换内衣裤。

顺产妈妈可以在床上进行仰卧起坐练习了。产后第4周，顺产妈妈的身体已经大致恢复了，适当活动身体可以促进子宫、阴道、盆底肌、腹肌等的恢复。

饮食以滋补为主

在产后第4周，新妈妈可以多进食一些补充营养素、恢复体力的营养菜肴，不仅有助于身体的全面恢复，也能为照顾宝宝打好身体基础。

注意胃肠保健

第4周与前3周相比，更要注意胃肠的保健，不要让胃肠受到过多刺激，避免出现腹痛或腹泻。新妈妈的早餐可以多吃些五谷杂粮类，午餐可以多喝些滋补汤，晚餐要加强蛋白质的补充，加餐可以选择桂圆粥、荔枝粥、牛奶等。

增加蔬菜的食用量

在滋补的同时，新妈妈也不要忽视膳食纤维和维生素的补充。蔬菜中的膳食纤维和维生素，不仅能促进食欲，防止便秘发生，还能吸收肠道中的有害物质，有助于将体内的毒素排出。所以新妈妈要适当增加蔬菜的食用量。

桂圆莲子红枣粥有很好的补血安神、补养心脾功效，对肠胃保健、改善神经衰弱、记忆力减退也有较好的作用。

粗粮可以适当吃一点

很多人认为粗粮没什么营养，哺乳妈妈应该多吃些肉、奶、蛋、蔬菜、水果，粗粮等主食是次要的。事实上，粗粮是碳水化合物、膳食纤维、B族维生素等的主要来源，也是热量的主要来源，其营养价值是肉、奶、蛋不能替代的。

新妈妈可以适当吃一些燕麦、玉米、小米、红薯等粗粮。吃这些粗粮容易产生饱腹感，可以避免能量摄入过多，影响体形恢复。

营养问答

为了恢复身材只喝汤不吃肉，这样对吗

很多新妈妈想产后尽快恢复身材，所以很少吃肉，就连在食用各种补汤的时候，也是尽量只喝汤不吃肉，这样其实是不对的。新妈妈喝一些鸡汤、排骨汤、鱼汤、猪蹄汤等，可以帮助恢复体力，促进身体恢复，但是肉的营养价值也很高，喝汤的时候还是要适当吃些肉，这样营养补充会更全面。

哺乳期遇到不适，能服药吗

哺乳期的新妈妈可能会出现一些不适，如果症状较轻，就尽量不要用药。

必须要用药时，也一定要注意服药时间。最好在喂奶后马上服药，并且尽可能推迟下次喂奶的时间，至少隔4小时，这样会使奶水中的药物浓度降到最低，也把对宝宝的影响降到最低。

一些温性中药，如附子、肉苁蓉、干姜、半夏等，能益气补血、健脾暖胃、祛散风寒，准妈妈可以适当服用。

而太过热性的中药会使新妈妈上火，出现口舌生疮、大便干结等症状。而大黄、炒麦芽等中药则有回奶的作用，哺乳妈妈不宜服用。

滋补饮食，避免摄入过多脂肪

新妈妈食用过多富含脂肪的食物，会使乳汁变得浓稠。母乳中脂肪太多，宝宝的消化功能是承受不了的，容易出现呕吐等症状。此外，脂肪摄入过多也不利于产后瘦身，而且会增加患糖尿病、心血管疾病、乳腺疾病的风险。

产后第4周

黑芝麻花生粥

清炖鸽子汤

哺乳妈妈营养食谱

产后第4周，大量进补是很有必要的。哺乳妈妈因为要照顾宝宝，还要通过哺乳为宝宝提供大量的能量和营养素，所以需要食用各种能增加体力的食物，如黑芝麻、鸽子肉、干贝、牛肉等食物。

早 餐

黑芝麻花生粥
馒头

黑芝麻中的维生素E具有抗氧化功能，能够清除自由基，保护红细胞，避免贫血发生。

原料：大米50克，花生仁30克，黑芝麻10克，蜂蜜适量。

做法：❶大米洗净，用水浸泡30分钟，备用；黑芝麻炒香，碾碎。❷将大米、黑芝麻、花生仁一同放入锅内，加水用大火煮沸后，转小火煮至大米熟透。❸出锅时加入蜂蜜调味即可。

产后宜忌
宜多吃红色蔬菜

这一周新妈妈减可以在每餐中多吃些新鲜蔬菜和水果，尤其是红色蔬菜，如西红柿、红苋菜等，这类蔬菜具有补血、活血等功效。如果是从冰箱里取出的，不宜马上食用，等恢复到常温再食用。

午 餐

清炖鸽子汤
米饭

鸽肉富含脂肪、蛋白质、维生素A、钙、铁、铜等营养素，非常适宜新妈妈食用。

原料：鸽子1只，香菇、木耳各20克，山药50克，红枣4颗，枸杞子、葱段、姜片、盐各适量。

做法：❶香菇洗净，木耳泡发后洗净，撕成大片；山药削皮，切块。❷烧开水，将鸽子放入，去血水、去沫，捞出待用。❸砂锅放水烧沸，放姜片、葱段、红枣、香菇、鸽子，小火炖1个小时。❹再放入枸杞子、木耳，炖20分钟。❺最后放入山药，用小火炖至山药酥烂，加盐调味即可。

产后宜忌
宜继续吃温补食物

到这1周，新妈妈要将体力恢复作为重点，可以选择吃些温补的食物，如羊肉、牛肉等。平时可多喝些鱼汤。

阿胶粥　　　　　　杜仲猪腰汤　　　　　干贝灌汤饺

午间加餐

阿胶粥
苹果

补血是整个月子期都要重视的饮食原则，阿胶味甘，性平，有补血止血、滋阴润肺之功效，是月子期的补血圣品。

原料： 阿胶15克，大米50克，红糖适量。

做法： ❶将阿胶捣碎备用。❷取大米淘净，放入锅中，加水适量，煮为稀粥。❸待熟时，调入捣碎的阿胶，加入红糖即可。

产后宜忌
忌吃刺激性食物

产后第4周是新妈妈体质恢复的关键时期。这个时候食用刺激性食物容易引起新妈妈的肠胃不适，继而影响宝宝的健康。建议新妈妈在这一时期尽量不吃葱、姜、蒜等刺激性食物，如果实在喜欢吃这些食物，可以在菜中少量点缀一点儿。

晚　餐

杜仲猪腰汤
蔬菜饼

本周新妈妈活动增加，适宜吃些杜仲，能防治腰部疼痛，而且杜仲还可减轻产后乏力、头晕等不适。

原料： 猪腰100克，杜仲20克，葱段、姜片、盐各适量。

做法： ❶猪腰洗净，剔除筋膜后切成腰花，用开水汆烫后捞出洗净。❷杜仲洗净，放入砂锅中，加入适量水后用大火煮开，转小火煮成浓汁。❸加葱段、姜片、腰花与适量水同煮10分钟，加盐调味即可。

产后宜忌
宜适当服用补铁剂

很多新妈妈在孕期就会缺铁，分娩过程中失血较多，也会造成贫血。如果贫血比较严重，产后可以服用补铁剂。需要注意的是，新妈妈不能只靠补铁剂来补铁，还应该多吃些补铁补血的食物。

晚间加餐

干贝灌汤饺

干贝含有丰富蛋白质和少量碘，可滋阴补血、益气健脾，做成馅儿，味道更加鲜美，既滋补又不会对肠胃造成负担。

原料： 面粉、肉泥各100克，干贝20克，白糖、琼脂冻、姜末、盐各适量。

做法： ❶将面粉加适量水和盐，揉成面团，稍醒，制成圆皮；琼脂冻切成小丁。❷干贝用温水泡发，撕碎，然后和肉泥、姜末、盐、白糖加适量植物油调制成馅。❸取圆皮包入馅料和琼脂冻丁，捏成月牙形，煮熟即可。

产后宜忌
忌用药物缓解抑郁

产后抑郁时选择一些具有抗抑郁功效的食物进补。如果依靠药物来减轻症状，分解后的药物会随着乳汁的分泌进入宝宝体内，宝宝吸收后身体也会有不良反应。

产后 第4周

牛肉饼

莲子薏米煲鸭汤

非哺乳妈妈营养食谱

产后第4周，非哺乳妈妈也要做到荤素搭配，避免偏食导致营养摄入不均衡，使体质变弱。可以多吃一些抗疲劳、增强体质的食物，如牛肉、鸭肉、鳝鱼、羊肉、山药等。

早 餐

牛肉饼
豆浆

牛肉含有丰富的铁、蛋白质和氨基酸，适宜产后新妈妈滋补之用，尤其对气虚的新妈妈有很好的补益作用。

原料： 牛肉馅100克，鸡蛋1个，葱末、姜末、盐、香油和水淀粉各适量。

做法： ❶牛肉馅中加入葱末、姜末、油、盐、香油，搅拌均匀，将鸡蛋打入，加入少量水淀粉。❷摊平成饼状，用少许油煎熟，或上屉蒸熟，也可以用微波炉大火加热5~10分钟至熟。

产后宜忌
回乳餐宜多样化

为了帮助非哺乳妈妈进行回乳，这一阶段需要多吃些麦芽粥类的食物。麦芽粥里可以加杏仁、核桃、牛奶等，可增进新妈妈的食欲，促进身体复原。

午 餐

莲子薏米煲鸭汤
米饭

从中医角度讲，鸭肉有滋阴、养胃、补肾、消水肿、止咳化痰等作用，鸭肉中的脂肪酸熔点低，易于消化，适合产后妈妈恢复身体食用。

原料： 鸭肉150克，莲子10克，薏米20克，葱段、姜片、百合、白糖、盐各适量。

做法： ❶把鸭肉切成块，放入开水中氽一下捞出后放入锅中。❷在锅中放入葱段、姜片、莲子、百合、薏米，再加入白糖，倒入适量开水，用大火煲熟。❸最后加盐调味。

产后宜忌
宜食用低脂、低热量的食物

非哺乳妈妈在忙于回乳的同时，也需要适当进补。建议新妈妈以低脂、低热量并且有滋补功效为原则来选择进补食物，帮助身体尽快恢复。

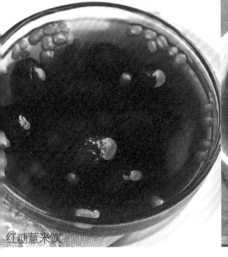
红糖薏米饮

栗子黄鳝煲

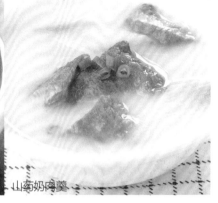
山药奶肉羹

午间加餐

红糖薏米饮
全麦面包

绿豆中所含蛋白质、磷脂均有兴奋神经、增进食欲的功能，对于产后因不能哺乳而压力过大的新妈妈来说是很好的调节剂。

原料： 绿豆、薏米各30克，红枣、红糖各适量。

做法： ❶薏米及绿豆洗净后用水浸泡一夜。❷将浸泡后的绿豆和薏米放入锅内，加入适量水，用大火烧沸后改用小火煮至熟透。❸加入红糖、红枣，继续煮5分钟即可。

产后宜忌
吃些新鲜果蔬来养颜

由于照顾宝宝的缘故，很多新妈妈忽视了自己的皮肤保养，皮肤变得粗糙、松弛、干燥。这时候可以吃些新鲜果蔬，让维生素C和膳食纤维使皮肤细腻红润有弹性。

晚餐

栗子黄鳝煲
馒头

黄鳝味甘，性温，可滋阴补血，对产后妈妈筋骨酸痛、浑身无力、精神疲倦等都有良好疗效。

原料： 黄鳝1条，栗子5颗，姜片、盐、料酒各适量。

做法： ❶将处理好的黄鳝切成约4厘米长的段，加盐、料酒拌匀，备用；栗子洗净去壳。❷将黄鳝段、栗子、姜片一同放入锅内，加入适量水，大火煮沸，转小火再煲1小时。❸出锅前加盐调味即可。

产后宜忌
宜吃清火食物

新妈妈在月子期间，既不能吃寒凉的食物，以免引起胃肠不适；也不能吃性热辛辣的食物，以免导致上火。上火时可以适当吃些绿豆、芹菜、丝瓜、柚子等清火食物。

晚间加餐

山药奶肉羹

此奶羹益气补虚、温中暖下，适用于新妈妈疲倦气短、失眠等症。还含有优质蛋白质、膳食纤维及铁、铜、磷等多种矿物质，是一道清淡可口的滋补佳品。

原料： 羊肉150克，山药50克，牛奶120毫升，盐、姜片各适量。

做法： ❶羊肉洗净，切片；山药去皮，洗净，切片。❷将羊肉、山药、姜片放入锅内，加入适量水，小火炖煮至肉烂，出锅前加入牛奶和盐，稍煮即可。

产后宜忌
不宜摄入过多脂肪

非哺乳妈妈摄入过多脂肪，不仅不利于产后恢复身材，还会增加患糖尿病、心血管疾病的风险。而对哺乳妈妈来说，摄入过多脂肪会使乳汁中油脂过多，宝宝难以消化吸收。

产后第5周 进餐重质不重量

到了产后第5周，新妈妈身体的恢复和宝宝营养的摄取均需要大量各类营养素，所以新妈妈的饮食讲究"重质不重量"，要求粗细搭配、荤素搭配。

适度伸展活动一下身体，能让新妈妈身体更好地恢复，而且也能使心情愉悦，为出月子做好准备。

新妈妈身体变化

进入本周，很多新妈妈都以为自己已经出月子了。其实新妈妈自宝宝出生、胎盘娩出到全身器官（除乳腺）恢复至正常状态，大约需要6周，所以现在还是在坐月子期间。

乳房：挤出多余的乳汁

经过前4周的调养和护理，本周新妈妈乳汁分泌量增加。更要注意乳房的清洁，多余的乳汁一定要挤出来。哺乳时，要让宝宝含住整个乳晕，而不是仅含住乳头，以防发生乳头皲裂和乳腺炎。

恶露：白带正常分泌

本周白带开始正常分泌，新妈妈的恶露几乎都没有了。理论上可以进行性生活了，但最好等到第6周后，剖宫产妈妈则要等到3个月之后。如果本周恶露仍未干净，就要当心是否子宫复旧不全，迟迟不入盆腔，应该及时去医院检查。

胃肠：控制脂肪的摄入

本周，新妈妈的胃肠功能基本恢复正常，但是对于哺乳妈妈来说，仍要注意控制脂肪的摄入，不要吃太多含油脂的食物，以免对肠胃造成不利影响，也可避免乳汁过于浓稠阻塞乳腺。

子宫：基本恢复

到产后第5周的时候，顺产妈妈的子宫已恢复到产前大小，剖宫产妈妈可能会比顺产妈妈恢复得稍慢一些。

伤口：几乎感觉不到疼痛

会阴侧切的新妈妈基本感觉不到了疼痛，剖宫产的新妈妈偶尔会觉得有些许疼痛。不过大多数新妈妈完全沉浸在照顾宝宝的辛苦和幸福中，并不觉得有多疼。

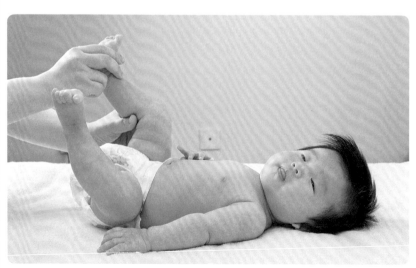

捏捏宝宝的小腿，对宝宝以后练习走路很有帮助。除了给宝宝哺乳和日常照顾，新妈妈常做一些抚触和按摩，对宝宝的身体发育很有帮助。

吃薏米、燕麦、紫米等粗粮有助于纤体瘦身。这些粗粮富含膳食纤维和维生素，吃后容易产生饱腹感，可以避免能量摄入过多，有助于新妈妈体形恢复。

饮食宜重质不重量

对于摄入热量或营养素所需量不甚了解的新妈妈，一定要遵循控制食量、提高品质的原则，尽量做到不偏食、不挑食。为了达到产后瘦身的目的，应该按需进补，积极运动。

根据体质进行调补

本周是新妈妈调理体质的黄金时机，应该根据之前4周的恢复状况，按照自己的体质调整食谱，对症调补。一般来说，新妈妈适合采用温和的调补方法，不宜食用生冷的食物，并且注意控制热量的摄入，避免进补过度导致营养过剩，使体形走样。

避免偏食、挑食

很多新妈妈觉得好不容易生下了宝宝，终于可以不用在吃上顾虑那么多了，赶紧挑自己喜欢吃的进补吧。殊不知，不挑食、不偏食比大补更重要。因为新妈妈产后身体的恢复和宝宝营养的摄取均需要大量各类营养成分，饮食还要讲究粗细搭配、荤素搭配等。这样既可保证各种营养素的摄取，还可提高食物的营养价值，对新妈妈的身体恢复很有益处。

月子期间宜做体重监测

体重监测可以评估新妈妈的营养摄入状况和身体恢复状态。体重过重或过轻都是非正常的表现，一旦超过或低于限度，都会带来很多健康隐患。通过体重可以时刻提醒新妈妈，要防止不均衡的营养摄入和不协调的活动量带给身体的危害。

营养问答

喂奶期间能吃巧克力吗

哺乳期的新妈妈最好不要吃巧克力，因为巧克力中含有的可可碱会通过母乳进入宝宝体内，并在宝宝体内积蓄。可可碱会刺激神经系统和心脏，可导致消化不良、睡眠不稳、排尿量增加，不利于宝宝生长发育。此外，新妈妈吃太多的巧克力会影响食欲，更会影响产后身体的恢复。

心情抑郁了怎么办

新妈妈产后体内雌激素发生变化以及心理和外在原因，有时会不安、失落，甚至伤心落泪。这时候在饮食上，建议新妈妈常吃鱼肉和海产品。鱼肉和海产品中含有$\omega-3$脂肪酸，可抗抑郁，能够减少产后抑郁症的发生。

头发脱落怎么办

之前拥有光泽、韧性头发的新妈妈，产后出现了明显的脱发症状，这是受到了体内激素的影响。这种症状最长在一年之内就能自动恢复正常，新妈妈不必担心。如果脱发严重，新妈妈可以补充维生素B_1、谷维素等，但要在医生的指导下服用。

坐月子能吃零食吗

大部分的零食都含有较多的盐和糖，有些还是经过高温油炸的，并加有大量的食用色素。妈妈还在哺喂小宝宝，对于这些零食，妈妈要主动拒绝，避免食用后对宝宝的健康产生不必要的危害。

产后第5周

莲子芡实粥

莲子猪肚汤

哺乳妈妈营养食谱

到了产后第5周，哺乳妈妈的饮食应该注重营养素的摄入与消耗实现平衡，为产后瘦身做好准备，所以现在的饮食应该以清淡、易消化、低脂肪为原则。可以吃些清淡而又营养丰富的粥，牛奶、鸡肉也要适当吃一些。

早 餐

莲子芡实粥
馒头

此粥品对产后有轻微抑郁症的新妈妈有益，并能延缓皮肤衰老，预防健忘。

原料：大米50克，莲子15克，核桃仁、芡实各20克。

做法：❶将大米、莲子、核桃仁、芡实洗净，浸泡水中2小时。❷把莲子、核桃仁、芡实放入榨汁机中打碎。❸将打碎的材料和大米倒入锅中，加适量水，以小火熬煮成粥即可。

产后宜忌
不宜吃冷饮

不只是坐月子期间不能吃冷饮，因为冷饮会导致新妈妈胃肠消化吸收功能出现障碍，还容易引起宝宝腹泻。炎热的夏季，哺乳妈妈可以吃些绿豆汤、西瓜、西红柿等食物来消暑。

午 餐

莲子猪肚汤
米饭

此汤健脾益胃、补虚益气，易于消化，符合本周新妈妈"重质不重量"的饮食原则。

原料：猪肚80克，莲子10克，水淀粉、姜片、盐各适量。

做法：❶莲子洗净去心，用水浸泡30分钟；猪肚用水淀粉和盐反复揉搓，洗净。❷把猪肚放在开水中煮5分钟，将里面的白膜去掉，切段。❸将猪肚、莲子、姜片一同放入锅内，加水煮开，撇去锅中的浮沫。❹转小火继续炖2个小时，加盐调味即可。

产后宜忌
宜健康减重

在月子期的最后两周，新妈妈应多吃脂肪含量少的食物，如魔芋、竹荪、苹果等，以防止体重增长过快。

木瓜牛奶饮

白斩鸡

鸡肝粥

午间加餐

木瓜牛奶饮
鸡蛋饼

牛奶能解除疲劳并助眠，非常适合产后体虚而导致神经衰弱的新妈妈饮用。

原料：木瓜100克，鲜牛奶250毫升，冰糖适量。

做法：❶木瓜洗净，去皮去子，切成细丝。❷木瓜丝放入锅内，加适量水，水没过木瓜即可，大火熬煮至木瓜熟烂。❸加入牛奶和冰糖，与木瓜一起调匀，再煮至汤微沸即可。

产后宜忌
不宜吃过多甜食

哺乳妈妈应该适当控制甜食的摄入，吃过多甜食会影响食欲，糖分摄入过多还会在体内转化成脂肪，使新妈妈发胖。所以无论是从健康角度还是从恢复身材角度，都应该少吃甜食。

晚　餐

白斩鸡
三鲜饺子

保留了鸡肉的原汁原味，蘸食的方法会带给新妈妈不一样的口感。

原料：三黄鸡1只，葱末、姜末、蒜末、香油、醋、盐、白糖各适量。
做法：❶鸡处理洗净，放入热水锅中，用小火焖30分钟。❷葱末、蒜末、姜末同放到小碗里，再加白糖、盐、醋、香油，用浸过鸡的鲜汤将其调匀。❸接着把鸡拿出来剁小块，放入盘中，把调好的汁浇到鸡肉上即可，也可边蘸边食。

产后宜忌
忌空腹喝酸奶

空腹喝酸奶时，酸奶中的乳酸菌很容易被胃酸杀死，营养价值和保健作用会减弱。酸奶也不能加热食用，因为活性乳酸菌很容易被烫死，使酸奶的口感变差，营养流失。

晚间加餐

鸡肝粥

鸡肝含丰富的蛋白质、脂肪、糖类、钙、磷、铁及维生素A和B族维生素，煮粥服食，对血虚头晕、视物昏花的新妈妈很有帮助。

原料：鸡肝、大米各100克，葱花、姜末、盐各适量。
做法：❶将鸡肝洗净，切碎；大米洗净。❷鸡肝与大米同放锅中，加适量水，煮为稀粥。❸待熟时放入葱花、姜末、盐，再煮3分钟即可。

产后宜忌
忌回乳过急

非哺乳妈妈如果奶水过多，自然回乳效果不好时，不宜硬将奶憋回，这样容易造成乳房结块，严重时还会引起乳腺炎。也要避免回乳过急，回乳过急也可以导致乳汁瘀积引发乳腺炎。可适当热敷乳房或挤出少量奶液以缓解胀痛。

产后第5周

奶香麦片粥　　黄芪枸杞母鸡汤

非哺乳妈妈营养食谱

非哺乳妈妈现在不宜吃太多高营养的食物。因为吃得多,活动少,又不需要哺喂宝宝,多余的营养就会积存在体内,使体重不断增加。非哺乳妈妈可以适当减少一些碳水化合物、脂肪的摄入,多摄取一些富含维生素和膳食纤维的食物。

早 餐

奶香麦片粥
包子

麦片含有丰富的膳食纤维,能够促进肠道消化,更好地帮助身体吸收营养物质。

原料: 大米30克,鲜牛奶250毫升,麦片、高汤、白糖适量。

做法: ❶将大米洗净,加入适量水浸泡30分钟,捞出,控水。❷在锅中加入高汤,放入大米,大火煮沸后转小火煮至米粒软烂黏稠。❸加入鲜牛奶,煮沸后加入麦片、白糖拌匀即可。

产后宜忌
忌早餐不吃主食

新妈妈需要在早餐中摄取人体必需的碳水化合物来维持五脏的正常运作,因此必须吃主食。新妈妈可以选择全麦面包搭配牛奶或豆浆作为早餐,不仅能够提供给身体所需能量,还能帮助瘦身。

午 餐

黄芪枸杞母鸡汤
米饭

母鸡肉蛋白质的含量比例较高,而且易消化,很容易被人体吸收利用。

原料: 黄芪、枸杞子各10克,母鸡200克,红枣5颗,姜片、盐、米酒各适量。

做法: ❶将黄芪、枸杞、姜片洗净并放入调料袋内;母鸡处理干净,切成小块,放入沸水中烫一会儿,捞出洗净。❷将母鸡块、红枣和调料袋一起放入锅内,加水。❸大火煮开后,改小火焖炖1小时,出锅前取走调料袋,加盐、米酒调味即可。

产后宜忌
宜合理瘦身

非哺乳妈妈的瘦身计划建立在科学、健康的饮食基础上。建议新妈妈在减少正餐摄入量的同时,在两餐之间适当补充些竹荪茶、牛奶露、什锦酸奶等,使胃中有饱腹感,自然轻松地瘦身。

蛋奶炖布丁　　　排骨汤面　　　花椒红糖饮

午间加餐

蛋奶炖布丁
全麦面包

蛋奶炖布丁可养血生津、滋阴养肝、补益脏腑，是产后新妈妈非常喜欢的一道美味甜品。

原料：鲜牛奶250毫升，鸡蛋1个，白糖适量。

做法：❶牛奶分为两份，一份加入适量白糖，放在小火上加热使白糖溶化，另一份备用。**❷**锅中加少量水和白糖，小火慢熬至金黄色后，趁热倒入涂了一层薄油的布丁模内。**❸**鸡蛋打入碗内搅匀，先加冷牛奶搅拌，再倒入加糖溶化的热牛奶搅匀，然后用干净纱布过滤即成蛋奶。**❹**将蛋奶浆倒入布丁模内八分满，入笼小火炖20分钟，至蛋浆中心熟透即可出笼，冷却即食。

产后宜忌
吃木耳预防肥胖

木耳含有丰富的膳食纤维和植物胶质，能促进胃肠蠕动，促进肠道脂质的排泄，调节血脂，起到预防肥胖的作用。

晚　餐

排骨汤面
凉拌空心菜

排骨汤面含有丰富的优质蛋白质、脂肪、碳水化合物和多种矿物质，适合整个月子期食用。

原料：面条100克，猪排骨50克，小白菜30克，葱末、盐、干面粉各适量。

做法：❶将小白菜洗净，放开水中焯熟，切成丝备用。**❷**将猪排骨剁成约3厘米长的块，放入盆中，加盐腌10分钟，再加入干面粉拌匀，使排骨块干身。**❸**放入腌好的排骨块，炸至焦黄，捞出沥油。**❹**将面条煮熟，装入碗内。**❺**锅内倒入清汤烧开，加入盐、葱末搅匀，分别浇入面碗中，再分别放上排骨和小白菜丝即可。

产后宜忌
不宜吃太多坚果

核桃、松子、开心果等坚果的营养价值很高，但油性很大，消化功能相对较弱的新妈妈吃太多容易消化不良。

晚间加餐

花椒红糖饮

花椒红糖饮可帮助新妈妈回乳，有些新妈妈不喜欢花椒的味道，可适当多加些红糖。

原料：花椒12克，红糖适量。

做法：❶将花椒清洗干净。**❷**锅中加适量水，放入花椒，待水烧开后，转小火继续加热20分钟。**❸**取出花椒粒，在花椒水中调入适量红糖，搅拌均匀即可饮用。

产后宜忌
宜多吃海藻类食物

非哺乳妈妈在这个时候一方面需要减少脂肪的摄入量，另一方面又要保证营养摄取的充足。为了满足这两个需求，新妈妈可以吃些富含丰富维生素、矿物质的海藻类食物，如海带、紫菜、海白菜等。这些食物在为新妈妈提供必需营养素的同时，还可以满足新妈妈瘦身的需求。

产后第6周　瘦身从现在开始

新妈妈现在依然要保证足够的营养摄入量和注重营养均衡，这对喂养宝宝大有益处，也有助于自己的身体恢复，而且新妈妈现在可以开始瘦身了。

新妈妈在产后第6周就可以瘦身了，有助于尽快恢复往日的曼妙身材，但前提是新妈妈的身体已经基本恢复了。

新妈妈身体变化

到了本周，大部分新妈妈除了感觉乳房时而胀痛外，身体其余部位已跟孕前没什么区别。不过，新妈妈千万不可忽略本周末的产后检查，而且一定要带宝宝同去医院做检查。

乳房：预防下垂

新妈妈在哺乳期要避免体重增加过多，因为肥胖也是乳房下垂的原因。新妈妈呵护好哺乳期的乳房，对防止乳房下垂很有助益。由于新妈妈在哺乳期乳腺内充满乳汁，重量明显增大，很容易加重下垂的程度。在这一关键时期，新妈妈一定要讲究穿戴胸衣，同时要注意乳房卫生，防止发生感染。

胃肠：胃口很好

现在，新妈妈基本上没有什么不适感，荤素搭配合理的食谱，令胃肠变得很健康。新妈妈的胃口很好，挑选一个日子，偶尔满足下口腹之欲也没问题。

子宫：完全恢复

到了本周，新妈妈的子宫内膜已经复原。子宫体积已经慢慢收缩到原来的大小，从腹部已经无法摸到了。

伤口：基本愈合

到了本周末，与宝宝一起去做产后检查时，才想起伤口上的痛，这估计是心理上的一种条件反射，新妈妈大可不必在意。

月经：可能已经来临

上一周恶露已经完全消失，但有些新妈妈发现已经开始来月经了。产后首次月经的恢复及排卵的时间都会受哺乳影响，非哺乳妈妈通常在产后6~10周就可能出现月经，而哺乳妈妈的月经恢复时间一般会有所延迟。

产后第6周的瘦身操：采取跪姿，用双臂撑着床，身体放松，保持10秒；伸左腿向后抬高，保持5秒，换右腿向后伸直抬高，保持5秒，早晚各做一次。

早餐吃全麦面包有助于瘦身。瘦身的饮食既不能营养过剩，又不能节食，而是应该多吃一些富含膳食纤维和维生素的食物。

可以开始瘦身了

月子即将结束，新妈妈的身体也复原得差不多了，吃得多，动得少，很多新妈妈都觉得自己胖了不少。因此从现在开始，就要慢慢调整自己的饮食，让自己的体形慢慢恢复到以前的曼妙。

饮食 + 运动双管齐下

饮食要清淡，在滋补的同时不宜摄入过多脂肪和碳水化合物，多摄取一些水果、蔬菜和粗粮。运动要循序渐进，选择比较和缓的运动项目，不宜剧烈运动，运动量不宜太大，时间也不要太长。

增加膳食纤维的摄入

膳食纤维具有纤体排毒的功效，所以新妈妈在平日三餐中应该适当多吃一些芹菜、南瓜、红薯、土豆、芋头等富含膳食纤维的蔬菜，以促进胃肠蠕动，减少脂肪堆积。

补充维生素 B$_1$、维生素 B$_2$

维生素B$_1$可以将体内多余的糖分转化为能量，维生素B$_2$可以促进脂肪的新陈代谢。所以新妈妈可以多吃一些富含维生素B$_1$和维生素B$_2$的食物。富含维生素B$_1$的食物有动物肝脏、黑米、花生等，富含维生素B$_2$的食物有动物肝脏、鳗鱼、蘑菇等。

■ 产后贫血时暂缓瘦身

贫血时瘦身会加重贫血。如果新妈妈在分娩时失血过多，出现贫血，产后的身体恢复就比较缓慢。在没有解决贫血的基础上盲目瘦身，会使贫血症状加重，有害新妈妈的健康。贫血的新妈妈不但不能瘦身，还要多吃一些动物肝脏、肉类、鱼类等含铁丰富的食物。

📖 营养问答

饮食瘦身就是节食吗

正确的瘦身饮食方案不是节食，而是要清淡饮食、营养丰富，多补充一些膳食纤维、维生素和矿物质，避免摄取过多脂肪和碳水化合物。节食不仅影响新妈妈对各种营养素的摄取，不利于身体恢复，也会影响乳汁的品质。

能用减肥茶、减肥药瘦身吗

产后瘦身要考虑新妈妈的身体状况、膳食营养、哺乳等多种因素，所以新妈妈在瘦身时不能盲目吃减肥茶、减肥药来达到瘦身的目的。特别是对哺乳的新妈妈而言，减肥茶、减肥药会给宝宝带来不利的影响。在坐月子期间和哺乳期，新妈妈都要避免一切的减肥茶和减肥药。

产后第6周一定要瘦身吗

产后第6周，虽然新妈妈的身体已经基本恢复好了，但还没完全达到孕前的状态，加上还有哺乳的任务，所以现在的瘦身应该根据实际情况来安排，不是这时候一定要瘦身。一些贫血、伤口愈合较慢或体质较弱的新妈妈还要注重滋补，不宜瘦身。

豆浆海鲜汤

芹菜炒香菇

产后第6周

哺乳妈妈营养食谱

现在新妈妈更应该注重饮食的质量，适当减少高脂肪、高蛋白质、高碳水化合物的食物的摄入，多吃些富含膳食纤维和维生素的果蔬和粗粮，这对产后瘦身很有帮助。

早餐

豆浆海鲜汤
香蕉

此汤清香、营养丰富，能促进新妈妈的身体恢复。

原料： 生豆浆300毫升，虾仁60克，鱼丸、蟹足棒各50克，胡萝卜、西蓝花、葱段、姜片、盐、香油各适量。

做法： ❶虾仁、蟹足棒洗净，切段；西蓝花择洗干净，掰成小朵；胡萝卜去皮洗净，切滚刀块。❷锅中放入葱段、姜片和生豆浆，倒入虾仁、鱼丸和胡萝卜块大火煮沸，转小火煮至将熟，放入蟹足棒段和西蓝花煮熟，用盐和香油调味即可。

产后宜忌
贫血时不宜瘦身

在没有解决贫血的基础上瘦身，势必会加重贫血。所以，新妈妈如果出现贫血，一定要多吃含铁丰富的食物，甚至是补铁剂，等贫血消失了再瘦身。

午餐

芹菜炒香菇
红豆饭

此菜平肝清热、益气和血，可缓解产后新妈妈神经衰弱。

原料： 芹菜60克，香菇50克，醋、盐、水淀粉各适量。

做法： ❶芹菜去叶、根，洗净，剖开，切成2厘米长的段；香菇洗净，切片。❷醋、水淀粉混合后装在碗里，加水约50毫升兑成芡汁备用。❸炒锅烧热后，放油，倒入芹菜段煸炒2分钟，放入香菇片迅速炒匀，再加入盐稍炒，淋入芡汁，速炒起锅即可。

产后宜忌
便秘时不宜瘦身

产后水分的大量流失和肠胃失调很容易引发便秘。便秘时不宜瘦身，而应该有意识地多喝水和多吃富含膳食纤维的食物，便秘严重时可以多喝些酸奶。

草莓牛奶粥

什锦海鲜面

荔枝粥

午间加餐

草莓牛奶粥
苏打饼干

草莓含有丰富的维生素C,可帮助消化;香蕉可清热润肠,促进肠胃蠕动。

原料: 草莓10个,香蕉1根,牛奶1袋(250毫升),大米80克。

做法: ❶草莓去蒂,洗净,切成块;香蕉去皮,放入碗中碾成泥;大米洗净。❷将大米放入锅中,加适量水,大火煮沸,放入草莓块、香蕉泥同煮至熟,倒入牛奶,稍煮即可。

产后宜忌
不宜吃太多荔枝

荔枝含糖较高,过量食用会增加新妈妈胰腺的负担,也容易导致体重增加,不利于瘦身。而且荔枝属于热性水果,吃太多容易产生便秘、口舌生疮等上火症状。

晚　餐

什锦海鲜面
凉拌素什锦

此面富含蛋白质、钙、磷、铁、硒、碘、锰、铜等营养素,可以补充脑力。

原料: 面条150克,虾仁2只,鱿鱼1只,干香菇2朵,猪里脊肉15克,葱花、植物油、盐各适量。

做法: ❶虾仁洗净;鱿鱼、猪里脊肉洗净切片;干香菇泡发,洗净,去蒂,切片。❷植物油倒入锅中烧热,放葱花和猪里脊肉片炒香,再放入香菇片和适量水煮开。❸将鱿鱼、虾仁放入锅中煮熟,加盐调味后盛入碗中。❹面条用开水煮熟,捞起放入碗里即可。

产后宜忌
贫血时忌减肥

对患有产后贫血的新妈妈来说,还是应该等身体完全恢复之后再减肥。如果新妈妈在贫血基础上强行瘦身,会使贫血的症状更加严重。

晚间加餐

荔枝粥

荔枝肉含有丰富的维生素C和蛋白质,有助于增强身体免疫力,还对大脑组织有补养作用,能明显改善失眠与健忘症状。

原料: 干荔枝50克,大米100克,红枣5个。

做法: ❶大米、红枣淘洗干净;干荔枝去壳取肉,洗净。❷将大米、干荔枝肉、红枣同放锅内,加适量水,大火煮沸,转小火煮至粥熟即可。

产后宜忌
宜少吃高热量食物

产后第6周,新妈妈除了需要科学合理地安排饮食之外,对于一些含脂肪过多的高热量食物,如花生、芝麻以及各种植物油、动物油、奶油、油炸品和油酥点心等都要加以节制。要知道,新妈妈食用了高热量食物,会通过乳汁传给宝宝,对宝宝的健康不利。

产后第6周

玉米面发糕

荠菜魔芋汤

非哺乳妈妈营养食谱

非哺乳妈妈在身体恢复得不错的情况下，可以从饮食和运动两方面来实现瘦身，饮食应清淡，不宜大补，多吃些富含膳食纤维的玉米、荠菜、菠菜、魔芋、芸豆等。

早餐

玉米面发糕
豆浆

玉米含有丰富营养，是粗粮中的保健佳品，玉米中的维生素 B_6、烟酸等成分，具有刺激胃肠蠕动、加速排泄的特性，可防治便秘，是本周新妈妈美容、瘦身、排毒不可或缺的佳品。

原料： 面粉、玉米面各50克，红枣2颗，泡打粉、酵母粉、白糖、温水各适量。

做法： ❶将面粉、玉米面、白糖、泡打粉先在盆中混合均匀，酵母粉融于温水后倒入面粉中，揉成均匀的面团。❷将面团放入蛋糕模具中，放温暖处醒发40分钟左右至两倍大。❸红枣洗净，加水煮10分钟，将煮好的红枣嵌入发好的面团表面，入蒸锅。❹开大火，蒸20分钟，立即取出，取下模具，切成厚片即可。

午餐

荠菜魔芋汤
葱花饼

魔芋中特有的束水凝胶纤维，是天然的"肠道清道夫"，也是产后瘦身食谱中不可缺少的食物。

原料： 荠菜100克，魔芋60克，盐、姜丝各适量。

做法： ❶荠菜去叶，择洗干净，切成大片，备用。❷魔芋洗净，切成条，用热水煮2分钟，去味，沥干，备用。❸将魔芋、荠菜、姜丝放入锅内，加水用大火煮沸，转中火煮至荠菜熟软，出锅前加盐调味即可。

产后宜忌
不宜摄取过多盐分

摄入盐分过多，会使体内水分大量积存，就不利于瘦身健美，特别是在腿部。所以饮食要控制盐的摄入，多吃一些含钾的食物，比如芹菜、土豆、紫菜、香蕉等。

玉米西红柿羹

芸豆荸荠烧牛肉

菠菜橙汁

午间加餐

玉米西红柿羹
鸡蛋饼

玉米具有调中开胃、清热利肝、延缓衰老等食疗功效；西红柿可以清热解毒、美容养颜。

原料： 玉米粒100克，西红柿80克，香菜末、高汤、盐各适量。

做法： ❶西红柿洗净后用热水烫去外皮，切丁；玉米粒洗净，沥干水分。❷锅中加适量高汤煮沸，下入玉米粒、西红柿丁，以盐调味，煮5分钟，撒入香菜末即可。

产后宜忌
宜补水排毒

多喝水能够加强身体的排毒，而人体所有的生化反应都需要依靠水才能进行。当人体水分少的时候，代谢废物无法完全清除，积存在体内会危害身体健康。不仅如此，身体中的水分是否充足还是决定瘦身成败的关键因素。所以，新妈妈多补水是每日必须要做的事情。

晚 餐

芸豆荸荠烧牛肉
米饭

牛肉中富含铁质，有补血功效。荸荠含植物蛋白较高，还可清热解毒，利尿。

原料： 牛肉150克，芸豆荚4个，荸荠3个，料酒、葱姜汁、盐、水淀粉、高汤、植物油各适量。

做法： ❶荸荠削去外皮，切成片；芸豆荚择洗干净，斜切成段；牛肉洗净，切成片，用料酒、葱姜汁和盐拌匀腌10分钟。❷油锅烧热，下入牛肉片用小火炒至变色，下入芸豆段炒匀，再放入料酒、葱姜汁，加高汤烧至微熟。❸下入荸荠片，炒匀至熟，加适量盐，用水淀粉勾芡后出锅即可。

产后宜忌
宜吃水煮蔬菜

新妈妈在这个阶段需要控制热量，可以吃些含糖少的蔬菜。蔬菜中膳食纤维多、水分多、热能少，却具有饱腹作用，还可以为恢复身材出一份力。

晚间加餐

菠菜橙汁

这款饮品能润肠通便，提高新妈妈食欲，丰富的维生素C能够提高新妈妈身体对铁的吸收率，从而预防贫血。

原料： 菠菜40克，胡萝卜20克，橙子、苹果各50克。

做法： ❶菠菜洗净，用开水焯过，橙子、胡萝卜、苹果洗净。❷橙子（带皮）、胡萝卜与苹果切碎，所有材料一起放入榨汁机榨汁即可。

产后宜忌
忌1天吃两顿

有些新妈妈在产后第6周为了尽快瘦身，采用1天只吃早午两餐，晚餐不吃的做法，这种做法会使身体的新陈代谢率降低，不还会引起一些肠胃疾病。建议新妈妈每日定时定量吃饭。白天的活动量较晚上高，因此早餐和午餐可以吃的相对多一些，而晚上活动量减少，吃的要少一些。

孕期禁用、慎用药物一览表

图例说明：禁用（×）慎用（△）

分类	药品名	致畸性	对胎儿的副作用（对母亲的副作用）	妊娠给药时间		
				前4个月	5~9个月	第10个月
抗生素	氯霉素	−	粒细胞缺乏症、灰婴综合征	×	×	×
	庆大霉素	−	儿肾障碍，听力障碍	×	×	×
	无味红霉素	−	儿肝障碍	×	×	×
	四环素	−	儿肝障碍，抑制骨骼发育，乳齿黄染	×	×	×
	链霉素	−	儿听力障碍（如果1次1克，1周2次无妨）	×	×	×
	卡那霉素	−	儿听力障碍	×	×	×
	新卡霉素	−	儿听力障碍	×	×	×
磺胺类	磺胺类药物（各种）	+−	儿童症黄疸，很少有粒细胞缺乏症，血小板减少	△	△	×
抗结核药	乙胺丁醇	−	母视力障碍，下肢麻木感	×	×	×
	环丝氨酸	−	母痉挛，精神障碍	×	×	×
	紫霉素	−	儿听力障碍	△	△	△
	卷曲霉素	−	儿听力障碍	△	△	△
	利福平	−	母暂时性肝障碍	△	△	△
	吡嗪酰胺	+−	母肝障碍，关节痛	△	△	△
降压利尿药	氯噻嗪	−	血小板减少，儿死亡，母胰腺炎	△	△	△
	利血平	−	抑制儿发育，鼻塞，呼吸障碍	△	△	△
	六甲溴胺	−	儿低血压引起死亡，麻痹性肠梗阻	×	×	×

续表

分类		药品名	致畸性	对胎儿的副作用 （对母亲的副作用）	妊娠给药时间		
					前4个月	5~9个月	第10个月
神经系统药物	镇痛	巴比妥类	+	抑制呼吸，儿出血，死亡，畸形	×	△	△
		水合氯醛	−	儿忧郁症	△	△	△
		乙醛肽胺哌啶酮	+++	四肢及其他畸形	×	△	△
		麻药（吗啡等）	−	抑制呼吸，儿成瘾症状	△	△	△
	抗癫痫	苯妥英钠	+	发生叶酸缺乏（唇腭裂、贫血），维生素K缺乏（血凝障碍）	△	△	△
	镇痉消炎	阿托品	+	心率加快	△	△	△
		阿司匹林	+−	骨骼异常、腭裂、黄疸、血小板减少	×	△	△
		扑热息痛	−	儿死亡	×	×	×
		消炎药	−	儿动脉导管早闭	×	×	×
泻药		蓖麻油	−	流产、早产	×	×	×
		番泻叶、大黄末	−	流产、早产	×	×	×
其他		驱虫药（各种）	+	——	×	×	×
		呋喃妥因	−	溶血	×	×	×
		氯奎	−	儿血小板减少	×	×	×
		硫氧嘧啶	+	甲状腺肿，智能障碍，呆小症	△	△	△
		甲磺丁脲	++	儿畸形	×	△	△
		塞克利嗪	+	兔唇、腭裂	×	△	△

注：抗寄生虫药（四氯乙烯、依米丁、灭滴灵、土荆芥油、甲紫等），菌疫苗（三联菌苗、霍乱菌苗、牛痘苗、布氏杆菌活菌苗、鼠疫活菌苗、钩端螺旋体疫苗、脑膜炎双球菌苗、斑疹伤寒疫苗等），对胎儿均有损害作用，可引起流产、早产或胎儿畸形。

图书在版编目（CIP）数据

怀孕吃对食物大百科 / 张宏秀主编 . -- 南京：江苏凤凰科学技术出版社，2015.9
（汉竹·亲亲乐读系列）
ISBN 978-7-5537-4941-9

Ⅰ.①怀… Ⅱ.①张… Ⅲ.①孕妇－妇幼保健－食谱
Ⅳ.① TS972.164

中国版本图书馆 CIP 数据核字 (2015) 第 149115 号

凤凰汉竹

中国健康生活图书实力品牌

怀孕吃对食物大百科

主　　　编	张宏秀	
编　　　著	汉　竹	
责 任 编 辑	刘玉锋　　张晓凤	
特 邀 编 辑	卢丛珊　　王　杰	
责 任 校 对	郝慧华	
责 任 监 制	曹叶平　　方　晨	
出 版 发 行	凤凰出版传媒股份有限公司	
	江苏凤凰科学技术出版社	
出版社地址	南京市湖南路 1 号 A 楼，邮编：210009	
出版社网址	http://www.pspress.cn	
经　　　销	凤凰出版传媒股份有限公司	
印　　　刷	南京精艺印刷有限公司	
开　　　本	715mm×868mm　　1/12	
印　　　张	17	
字　　　数	120 千字	
版　　　次	2015 年 9 月第 1 版	
印　　　次	2015 年 9 月第 1 次印刷	
标 准 书 号	ISBN 978-7-5537-4941-9	
定　　　价	39.80 元	

图书如有印装质量问题，可向我社出版科调换。